TEORÍA DE LA ENERGÍA ORIGINAL

ELIER ENG

TEORÍA DE LA ENERGÍA ORIGINAL

PHOTOGÉNESIS

Número de Control de la Biblioteca del Congreso de EE. UU.:   2012901753
ISBN: Tapa Dura   978-1-4633-1912-0
                         Tapa Blanda   978-1-4633-1913-7
                         Libro Electrónico   978-1-4633-1914-4

Certificate of Registration:
TXu 1-323-787 Jun-25-07 in Spanish
TX   1-757-626 August-30-2007 English
TXu 1-741-991 June-2-2010 English
TXu 1-698-710 June-8-2010 Spanish
TXu 1-710-533 December 9, 2010
        1-ER40LG Feb-13-2013
CAIPO 1102575 Mar-4-2013
SRu 963-739 April-24, 2009

DISEÑO DE LA CUBIERTA
ELIER ENG

Este libro fue impreso en los Estados Unidos de América.

Fecha de revisión: 03/02/2014

Para realizar pedidos de este libro, contacte con:
Palibrio LLC
1663 Liberty Drive, Suite 200
Gratis desde EE. UU. al 877.407.5847
Gratis desde México al 01.800.288.2243
Gratis desde España al 900.866.949
Desde otro país al +1.812.671.9757
Fax: 01.812.355.1576
ventas@palibrio.com
295129

RECONOCIMIENTOS

Todas las fotos presentadas en la portada, interior del libro, fueron tomas de la galería de fotos de la NASA y NSSDC. Ellos permiten el uso de sus imágenes para cualquier propósito.

Hago reconocimientos especiales al grupo del telescopio de Hubble y todos los científicos que han contribuido tan ampliamente en los conocimientos de la astrofísica y astronomía; que han contribuido en los descubrimientos de los cuerpos celestiales; que han contribuido en la revelación de los fenómenos del cielo, abriendo una ventana a la realidad de la Gloria.

¡El dinero nunca ha sido tan bien gastado como en la astronomía! Yo congratulo a todos los participantes por todos los esfuerzos y aportaciones que han hecho.

Este libro es producto de estudios autodidactos, intuitivos de más de diez años, analizando los descubrimientos de los astrofísicos, astrónomos y otros científicos. Si tuviera algún valor, es gracias a los esfuerzos y logros de ellos.

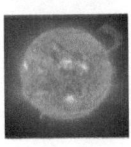 The Sun. Credit: NASA/ESA

 Quadruple Saturn Moons transit snapped by Hubble Credit: NASA, ESA and the Hubble heritage team. M. Wong (STScl/uc Berkeley) and C. Go

 Hubble Mosaic of the Majestic Sombrero Galaxy Credit: NASA/ESA and Hubble Heritage Team STScl/AURA

Mars Closest Approach 2007 Credit: The Hubble Heritage Team STScl/AURA J. Bell (Cornell University) and M. Wolff (Space Science Institute, Boulder)

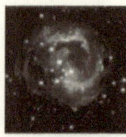 Light continue to echoes three years after stellar outburst. Credit: NASA, ESA and the Hubble heritage team. STScl/AURA

 Hubble Space Telescope over Earth Credit: NASA/ESA

 Dying star creates fantasy-like sculpture of gas and dust **Credit:** ESA, NASA, HEIC and The Hubble Heritage Team STScI/AURA)

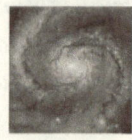 The Heart of the Whirlpool Galaxy. Credit: NASA/ESA The Hubble Heritage Team STScl/AURA

 Sunny Sided Up. Credit: Hubble Heritage Team AURA/STScl /NASA/ESA

 NGC 2440

Credit: NASA/ESA and The Hubble Heritage Team (AURA/STScI).

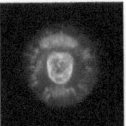

The Eskimo Nebula
Credit: NASA, ESA, Andrew Fruchter (STScI), and the
ERO team (STScI + ST-ECF)

A New View of the Helix Nebula
Credit:
NASA, ESA, C.R. O'Dell (Vanderbilt University),
and M. Meixner, P. McCullough, and G. Bacon (Space
Telescope Science Institute

The Unique Red Rectangle. Credit: NASA/Hubble/ESA

Pinwheel Galaxy. Credit: European Space Agency/NASA

Pillar of Creation. Credit: Jeff Hester and Paul Scouwen
(Arizona State University) /NASA/ESA

Galaxy NGC. Credit: NASA/ESA/Hubble Heritage Team

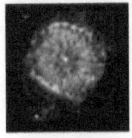

The Glowing Eye of Planetary Nebula NGC 6751
Credit: NASA/ESA/Hubble Heritage Team

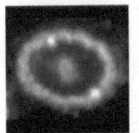

Ring around supernova 1987 Credit: NASA/ESA/Hubble
Heritage Team

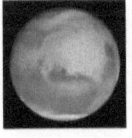

The Earth-Base Best View of Mars. Credit: NASA/ESA/
Hubble Heritage Team STScl/AURA

The Egg Nebula
Credit: Raghvendra Sahai and John Trauger (JPL), the WFPC2 science team, and NASA/ESA

The Egg Nebula
Credit: Raghvendra Sahai and John Trauger (JPL), the WFPC2 science team, and NASA/ESA

Out of this whirl: The Whirlpool Galaxy (M51) and companion galaxy. **Credit:** NASA, ESA, S. Beckwith (STScI), and The Hubble Heritage Team

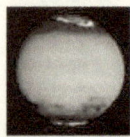

Comet Shoemaker-Levy 9 impact sites on Jupiter. Credit: The Hubble Heritage Team, NASA Hubble Photos Album

Spiral Galaxy NGC 4622 spins "backwards" Credit: NASA /ESA Hubble Photos Album

**ESPECIAL AGRADECIMIENTO
A MI MAESTRO DE MÚSICA**

JUAN DE DIOS OCAMPO

ÍNDICE

RECONOCIMIENTOS...5

PREFACIO 13

INTRODUCCIÓN 17

MODELO COSMOLÓGICO...19

MODELO ESTÁNDAR..34

TEORÍA DE LA ENERGÍA ORIGINAL........................37

FOTOGÉNES...65

PLASMA DEL UNIVERSO 70

FOTONES...72

ELECTRÓN 79

CALOR TEMPERATURA 83

MATERIA...90

ENERGIAESFERA ESPACIOTIEMPO 96

FUERZA DE GRAVEDAD 102

GRAVITÓN Y GRAVEDAD 106

FOTOGRAVITÓN Y FOTOGRAVEDAD 110

ROTACION Y ESFERICIDAD................................115

FENOMENO DE ESPEJO CURVATURA 121

PRINCIPIO COSMOLÓGICO.................................126

SISTEMA GALÁTICO...128

EXPANSIÓN 132

SISTEMA DE FORMACIÓN HOYO BLANCO 140

ENERGÍA OSCURA Y MATERIA OSCURA.................144

ENERGIA PRIMERO...150

LUZ ES FOTÓN, FOTÓN ES VIDA 162

ORIGEN DE LA VIDA..168

AGUJEROS NEGROS SISTEMA DE RECICLAJE...................176

SINGULARIDAD 184

ESTADO ESTÁTICO..193

DESTINO DEL UNIVERSO 196

DESTINO DE LA HUMANIDAD..201

FACIL E IMPOSIBLE A LA VEZ 206

TEORÍA DE LA ENERGÍA ORIGINAL Y LA TEOLOGÍA 212

COMPARACIONES 215

CONCLUSIONES...227

PROBABLES CONTRIBUCIONES DE
    LA TEORIA DE LA ENERGIA ORIGINAL 234

ECOS MELÓDICOS DEL UNIVERSO 243

SOBRE EL AUTOR...273

NOTICIA PARA LOS MEDIOS Y LA PRENSA 276

PREFACIO

El origen del universo, más aún, el origen de la vida, siempre han sido las incógnitas más inquietantes de la humanidad desde el momento que el ser humano adquirió la facultad propioceptiva. Estas preguntas han sido a la vez motivo de los incansables esfuerzos de los científicos de todos los tiempos; han sido el tema central de diversas religiones; han sido temas de interminables discusiones en cualquier extracto social; han sido la razón de terribles persecuciones, encarcelamientos, ejecuciones, incluso guerras en el ámbito político, social y religioso.

Bajo el dominio del misticismo, incontables dioses han sido creados para enfrentar los inexplicables fenómenos misteriosos, desastres naturales y desafíos de la vida. La ignorancia condujo a que los seres humanos hicieran sacrificios religiosos, ofreciendo sangre, bienes, joyas, vidas, vírgenes, niños a los furiosos Dioses con el propósito de tener mejor clima, mejor cosecha, mejor vida.

Diversos Dioses han sido abandonados mientras los seres humanos iban adquiriendo conocimientos; a la vez, las religiones han ido cambiando reglas y conceptos, para adaptarse a las realidades. A pesar de todo, ciencia y religión aún son opuestas.

La historia ha demostrado que los conceptos dogmáticos, disciplinas inflexibles, maniobras represivas han tenido que corregirse o abandonarse ante los irrefutables descubrimientos científicos.

Las teorías escritas más antiguas sobre el origen del universo en el occidente, fueron las de Aristóteles. Ptolomeo, San Agustín y quizás otras perdidas en tantas convulsiones históricas, quienes consideraron que el universo apareció de la nada, que el universo era geocéntrico; idea dominante adoptada por la teología cristiana durante siglos. Ha habido muchas suposiciones, cálculos del tamaño, forma y edad del universo que no correspondía a la realidad.

Siendo teólogos Copérnico, Galileo y Kepler iniciaron correcciones, comprobando científicamente la teoría heliocéntrica de aquel pequeño universo que se creía que era. Se percataron que el universo se extendía más allá. Newton estableció las bases matemáticas científicamente con sus tres famosas leyes físicas.

Sin embargo, como sucede con muchos inventos y descubrimientos científicos, los astrónomos, científicos de China ya habían hecho observaciones más apegadas a la realidad siglos antes, incluso fueron las generosas donaciones Chinas sobre ciencias, astronomía, geografía, navegación y muchas otras que condujeron a la radical revolución, el Renacimiento, iniciado en el siglo XV.

Einstein, Gamow, LeMaître, Hubble y muchos otros establecieron la astronomía contemporánea.

Hoy, la teoría de la Energía Original pudiera ofrecer luz en el túnel de las tinieblas, atribuyendo el origen del universo, el origen de todo lo existente, incluso el origen de la vida en el universo, al elemento más fundamental, irónicamente el sin peso ni carga eléctrica **Fotón Original.**

Los inmensurablemente energéticos **Fotones Originales,** *a través del proceso de Photogénesis fueron multiplicándose, extendiéndose, transformándose, formando y constituyendo el universo de hoy. Nada se forma al azar, espontáneamente a partir de la nada, sin las directrices y códigos de los Fotones Originales. ¡La nada solamente puede formar nada!*

¡La existencia de Dios todo poderoso es indiscutible, está fuera de toda duda! Por otra parte la teología está fuera del tema de la teoría de la Photogénesis. ¿Podría algún día la religión y la ciencia coincidir y llegar a la concordia?

Bajo el punto de vista de la Teoría de la Energía Original o Teoría de la Photogénesis, el poder de Dios es energía; el razonamiento científico consciente es energía. El camino está trazado, quizás algún día se sepa la verdad.

La teoría de Photogénesis o Fotogénesis no niega la existencia de Dios. La ciencia ha contribuido a la mejor comprensión del significado *GLORIA;* ha contribuido al progreso, evolución y difusión de la teología. Copérnico, Kepler, Galileo, Newton, LeMaître, Hubble son ejemplos vivos de este hecho.

Sea verdad o sea falacia la teoría de la Energía Original, el autor trata de abrirles los ojos y la mente a los seres humanos. Nosotros, los seres humanos presumimos de ser inteligentes; nos aprovechamos de todo lo existente de la Tierra; desperdiciamos y destruimos todo lo que tocamos y pisamos. La atmósfera nos ha protegido desde nuestra existencia. ¡Sin embargo, algunos usan la energía electromagnética para producir alteración en la atmósfera provocando destrucciones masivas! Nos matamos unos a los otros para poseer la Tierra, la cual es tan solo un corpúsculo en el inmenso universo; nuestra mezquindad es tan grande como el universo.

El ser humano no se ha percatado que en el espacio existen inagotables recursos. ¡El espacio es nuestra gloria, el espacio es nuestro futuro, el espacio es parte de nuestra casa!

Consecuentemente, la humanidad debe incorporar el desarrollo espacial a la pacífica coexistencia, en vez de estar haciéndose garras. En la primera etapa, debe enfocarse al uso de la energía solar, instalando satélites solares o estaciones de energía solar en la superficie lunar. Concentrar la luz solar y transferir la energía a la Tierra para sustituir el uso de petróleo como principal fuente de energía. Podría usarse también para atenuar los tornados, huracanes y otros violentos fenómenos naturales. ¡Que conste: leves atenuaciones, los violentos cambios del clima son necesarios y benéficos a la vez!

Si los dinosaurios de verdad fueron exterminados por un meteorito, más nos vale ir previniendo, preparando un arma suficientemente poderosa para desviar o destruir el intruso meteorito antes que llegue a la geoenergiasfera. ¡Esa arma pudiera ser un colector de energía solar con base en la Luna!

El aprovechamiento de la energía solar puede generar ganancias para reinvertir y realizar proyectos aún más ambiciosos como el aprovechamiento de la ultra energía electromagnética, aprovechamientos de los asteroides y meteoritos, incluso el turismo espacial.

¡Es tiempo del espacio, es tiempo de paz y concordia para habitar el espacio sin contaminarlo, sin conflictos, sin guerra, todo al beneficio de toda la humanidad!

¡Cuando los seres humanos dejen de apuntar con sus armas unos a otros y pongan la mira en el cielo, entrarán a la Gloria!
¡Es tiempo de ir al Cielo, *a la Gloria en vida!*

INTRODUCCIÓN

Teoría puede ser conjetura, intuición, pensamientos; puede ser ciencia ficción, incluso puede llegar a ser ciencia real una vez que se haya comprobado. Por lo tanto, teoría puede ser algo que pudiera ser o no ser. Teoría depende de específico, determinado espacio tiempo; puede ser absolutamente real en un momento, época, lugar, mentalidad o grado de desarrollo humano; puede ser totalmente falso en otro momento, época, lugar, mentalidad o grado de desarrollo humano. Pero algo es seguro: *teoría es la herramienta que abre la puerta del camino que conduce a la verdad.* La teoría requiere hechos, más cuando la teoría esté en vía de investigación, en vía de comprobación. Una vez plenamente comprobada, la teoría dejaría de ser teoría y sería realidad, como sucederá con la teoría de la Energía Original.

La teoría de la Energía Original, o la teoría de la Fotogénesis, no es producto de experimento científico o investigación; como en los tiempos antiguos, es producto de lógica intuición.

Durante un periodo prolongado de reflexiones y estudios, he estado indeciso en alzar los pies, para entrar al glorioso reino de la astrofísica y astronomía. No he creído que yo pudiera comprobar científicamente mi teoría en lo que me quede de vida. No tengo ni siquiera posición, equipos, observatorio, recursos para dedicarme a la ciencia de astronomía.

Pero algo me ha urgido: el fotón, el más fundamental elemento de la luz, irónicamente el sin peso, sin carga fotón, es el constituyente fundamental de todo el universo. El fotón conjugándose con el electrón forma todo lo existente dentro del universo.

¡Más aun, el fotón, el elemento más inteligente del universo es el artífice que le dio origen a la vida!

El descubrimiento de la expansión donde los fotones de la luz se extienden de menor longitud de onda a mayor longitud de onda, demuestran y confirman irrefutablemente la veracidad de la teoría de la Energía Original por medio de la Fotogénesis. A la vez pone en evidencia que el Modelo Cosmológico, teoría del Big Bang que resultó de la singularidad es una interpretación errónea.

Esta teoría ha sido escrita en una forma muy abstracta en mi libro "ECOS DE REFLEXIONES" publicado en 2007 en español. Pero siempre he sentido que realmente no fue suficientemente descrita, depurada y explicada. Espero que este libro cumpla parte de la devoción a la causa.

El manuscrito original era este que se inició en 2003, escrito en español, pero debido a que hay más difusión en inglés, la edición en inglés fue publicada en 2011 primero. Espero que este libro, esté mejor escrito, pues sé un poco más español y se ha tomado más tiempo en su elaboración.

MODELO COSMOLÓGICO

Sobre el origen del universo han sido expuestas diversas teorías a lo largo de la historia, predominaba la idea de que el universo se formó a partir de la nada, en forma espontánea, al azar. Es decir, antes de la aparición del universo no existía materia, no existía energía, ni espacio o tiempo; el universo apareció sin guía ni directrices en forma espontánea.

El origen divino ha sido pregonado desde hace más de dos milenios. El Modelo Cosmológico y la teoría del Big Bang afirman y ratifican el origen espontáneo, por lo que fue aceptada oficialmente por la iglesia católica en el siglo veinte, por coincidir con que todo lo existente en el universo fue a partir de la nada.

Dios creó todo en seis días, a partir de la nada; todo es producto de la creación.

Sin embargo, en el ámbito científico, hasta la fecha no existen datos convincentes que compruebe ese origen espontáneo, esa "Nada".

Desde la década de los ochenta del siglo diecinueve, los científicos ya habían detectado que la luz proveniente de las estrellas o galaxias lejanas, viraba hacia a la franja roja de la luz visible del espectro electromagnético. O sea, que hay un corrimiento de la luz proveniente de estrellas lejanas hacia a las ondas más largas del espectro de la luz visible que es el rojo, lo cual indica que los cuerpos celestiales se alejan de la Tierra en todas direcciones.

En la primera y segunda década del siglo veinte, Einstein postuló la Singularidad por medio de la teoría General de la Relatividad, extrapolando la expansión del universo material hacia su origen pasado: Debido a que todas las galaxias, clústeres de galaxias se alejan entre sí y de la Tierra ahora, indica que bajo el elevado calor y la infinitamente fuerte acción de la fuerza de gravedad todo: materia, energía, espacio y tiempo del universo, habían sido comprimidos, hasta convertirse en un punto en el pasado, en un tiempo finito. Esta fue la singularidad, indicando que el universo tuvo un principio y tendría un fin.

Por la década de los veinte del siglo veinte, George LeMaître postuló que el universo se originó a partir de una enorme explosión; Friedmann propuso un período de inflación post explosión; Hubble confirmó la expansión del universo en 1929 por medio de un telescopio; por los treinta George Gamow propuso el término de Big Bang; por los cuarenta, irónicamente el opositor de la teoría del Big Bang divulgó el término de Big Bang. El Modelo Cosmológico se estableció.

Big Bang es la fase extremadamente caliente, densa del átomo primordial el cual explotó dando inicio a la formación del universo. La teoría del Big Bang ha sido aceptada ampliamente como el "Modelo Cosmológico" en astrofísica y astronomía. Es el modelo cosmológico de LeMaître 1927 y George Gamow 1930, el más reconocido en el ámbito científico. Se cree que la Tierra se localiza cerca del sitio donde surgió la gran explosión.

A nivel micro cósmico el modelo más aceptado es la Mecánica cuántica que es el Modelo Estándar, que apoya la idea de que el universo partió de una gran explosión.

El Modelo Cosmológico y la teoría del Big Bang se basa en:

1). *las teorías de la relatividad 1905, 1907, 1915 de Einstein que dieron la estructura necesaria a la Singularidad donde la fuerza de gravedad era infinitamente fuerte, comprimiendo todo el universo material junto con el espacio y tiempo. Al ir comprimiendo, cada vez se iba haciendo más denso, elevándose extremadamente la temperatura hasta convertir todo el universo en un átomo primordial.*

Es decir, si actualmente toda la materia del universo se aleja entre sí, eso indica que tuvieron un origen común en el pasado. Bajo la acción de la fuerza gravitatoria y extremadamente elevado calor, todo el universo material fue comprimiéndose infinitamente hasta convertirse en un punto sin medida que fue el átomo primordial.

Lo extraordinario y extraño es que dicho átomo primordial apareció espontáneamente a partir de la nada, antes no existía materia, ni energía, ni espacio, ni tiempo;

2). la expansión del universo fue confirmada por el descubrimiento del fenómeno de viraje al rojo de la luz proveniente de las galaxias lejanas por Edwin Hubble en 1929. Esta observación es la más directa evidencia de un universo en expansión.

Hubble observó que las galaxias y cualquier material del universo se alejaban de la Tierra. La luz que emitían las estrellas viraban hacia el espectro más largo de la luz que es el rojo, estableciendo la ley de expansión de Hubble que consiste en: entre más lejana esté la galaxia, mayor es su aceleración, por lo tanto, su alejamiento.

Lo más valioso de la teoría de Relatividad General y el descubrimiento de la expansión del universo es que ellos demostraron que el universo no es eternamente estático sin cambios, como se creía por siglos y como se discutía durante décadas desde el principio del siglo XX. Incluso Einstein creía en el estado estático por lo que propuso la Constante Cosmológica. Sin embargo, posterior a la confirmación de la expansión, Einstein reconoció que fue un gran error;

3). a pesar de la bien comprobada expansión, la discusión sobre si el universo es o no estático siguió hasta el descubrimiento de **las radiaciones de microondas cósmicas del fondo del inicio del universo** por Penzias y Wilson en 1964. Se percataron que las radiaciones son isotrópicas y homogéneas en todas direcciones. El espectro del cuerpo negro o sea la temperatura de las radiaciones que aún persisten, a partir de la fase extremadamente caliente del inicio del universo es de 2.7 Kelvin, en forma generalizada y constante, en toda la extensión del universo.

El espectro de 2.7 Kelvin y la isotrópica temperatura del universo son las evidencias más relevantes de la teoría del Big Bang. Evidencias que comprueban que el universo partió de un cuerpo térmico que dejo las radiaciones de microondas CBR, el cual era compacto, caliente, ópticamente nebuloso e invisible.

Es decir: donde fuego hubo, cenizas quedan. En el caso del universo: donde fuego hubo radiaciones quedaron. Las radiaciones de microondas del fondo del universo constituyen una de las más fehacientes evidencias del origen térmico, *la explosión del Big Bang;*

4). *la presencia de "polvo" que después se convirtieron en elementos ligeros como hidrógeno, helio y deuterio durante el inicio homogéneo del universo también ha sido atribuido como evidencia del evento del Big Bang.*

La teoría se basa en que fue la acción de la fuerza de gravedad que conglomeró el polvo que existía durante el inicio de la formación del universo, para formar todo lo existente. O sea a partir del polvo se fueron formando los elementos químicos ligeros y pesados, masa, lunas, planetas, estrellas, hasta los gigantescos cuerpos celestiales como galaxias y clústeres de galaxias;

5). la postulación de Friedmann 1920´s de un periodo de inflación del universo posterior a la gran explosión, durante el periodo inicial, complementó más la idea de que el universo partió de una gran explosión, posterior a la cual fue agrandándose;

6). *el Principio Cosmológico forma un soporte importante de la teoría del Big Bang, ya que a grande escala el universo es homogéneo e isotrópico; también coincide con el Principio Copérnico, ya que el universo no es geocéntrico. Tampoco heliocéntrico, es semejante en todas direcciones, visto desde cualquier lugar, por cualquier observador. Las leyes físicas son aplicables en todo el universo, mientras que la individualidad, las diferencias entre los cuerpos celestiales no violan las leyes astrofísicas;*

7). se cree que la anisotropía tardía de la distribución del calor, contribuyó en la preponderancia de la fuerza de gravedad en ciertas agrupaciones del polvo (dust) y la materia negra, propiciando la formación de átomos, masas y cuerpos protogalácticos;

8). *a pesar de que la teoría de Relatividad General de Einstein y la Mecánica Cuántica forman los pilares más fundamentales del Modelo Cosmológico de la astrofísica moderna, ambas son incompatibles.*

La teoría General de Relatividad abarca la fuerza gravitacional en el extremo macro cósmico, a nivel de los cuerpos celestiales, donde se supone la existencia del gravitón como la partícula de la interacción. Pero hasta la fecha no se ha encontrado la partícula, spin-2, sin masa que sería el gravitón.

La noción de una geometría espacial suave, homogénea de los cuerpos celestiales que es el principio central de la teoría General de la Relatividad, es destruida por la violenta fluctuación incierta, la cual es el principio medular de la Mecánica Cuántica constituida por partículas. Es absurdo que existan gigantes cuerpos celestiales pero que no exista su partícula clave, constituyente elemental que sería el gravitón.

En cambio, la Mecánica Cuántica abarca el extremo micro cósmico por medio de la partícula subatómica el fotón, como el mensajero de la interacción electromagnética; la partícula Z, W para la fuerza nuclear débil y gluon para la fuerza fuerte;

9). *Bajo la óptica del Modelo Cosmológico la acción de la fuerza de gravedad es esencial en todos los aspectos del universo.* La formación de grandes estructuras, deriva de la homogeneidad primordial que era polvo, elementos químicos ligeros. La fuerza gravitacional conglomeró átomos para formar masas; las masas se conglomeraron para formar planetas y estrellas; luego por medio de la gravedad los planetas y estrellas se agruparon para formar galaxias; después las galaxias se juntaron por la fuerza de gravedad para formar clúster; los clústeres formaron súper clúster por medio de la fuerza gravitacional. Es decir, todos los cuerpos celestiales se formaron al azar a partir del anisotrópico polvo desde pequeño a grande, no a partir de los núcleos de las galaxias.

Es por eso que el universo pudiera terminar en singularidad conglomerando todo material y todos los cuerpos celestiales por la fuerza constrictiva gravitacional. Sin embargo, este fenómeno de singularidad actualmente no se ha repetido por la presencia de la Constante Cosmológica.

La Constante fue propuesta por Einstein como una fuerza gravitacional "repulsiva" que mantendría el universo material en un estado equilibrado estático.

Por otra parte, la existencia del espacio tiene un costo, requiere la existencia de una energía intrínseca que es la energía cero y la Energía Negra que mantenga el espacio tangible, abierto, viable en donde habitan los cuerpos celestiales.

Como se cree la energía y la masa son intercambiables, la teoría del Big Bang considera que la energía debería tener un efecto gravitatorio. Por lo que se ha especulado la existencia de la Energía Negra que supuestamente posee una fuerza gravitacional repulsiva negativa, haciendo posible la expansión acelerada que existe en el universo actualmente;

10). *sin embargo, la materia solo constituye el 4.7% en todo el universo, la cual no es suficiente para mantener los cuerpos celestiales unidos y estables, evitando la fragmentación infinita, ya que el universo sigue expandiéndose. Pero como el Modelo Cosmológico depende de la masa, depende de la fuerza gravitacional, el 4.7 % no es suficiente.*

La Mecánica Quántica actúa a nivel de partículas subatómicas de donde se forman átomos y masas, sin ella no existirían los cuerpos celestiales, no existiría la fuerza de gravedad. Es decir para que el Modelo Cosmológico sea aceptado científicamente requiere la participación de ambas: de la Mecánica Quántica y de la gravedad por lo que la Quántica Gravitatoria fue creada;

11). la fragmentación a partir de moléculas grandes o de hadrones a partículas subatómicas, condujo al descubrimiento de una gran variedad de partículas subatómicas en los Aceleradores que se han construido en varias partes del mundo. Ese descubrimiento culminó en la confirmación de la teoría de Big Bang, ya que ayuda a confirmar que hubo una gran explosión a partir del átomo primordial; que hubo un período de existencia de pequeñas partículas, a pesar de que la fuerza de gravedad es insignificante al grado de inexistente a nivel micro cósmico de las partículas subatómicas.

El descubrimiento de la partícula Higgs bosón "God particle", quizás dé la respuesta de cómo adquirieron masa las partículas subatómicas. Emergiendo la fuerza de gravedad, llegando a la conclusión al origen del universo.

Pero el hadrón que se está usando es una partícula grande compuesta, que deriva de o pueden dividirse en partículas aún menores. La fuerza de gravedad apareció después de la aparición de fotones, electrones y todas las partículas subatómicas. Aunque existiera la partícula Higgs bosón, la fuerza gravitacional es tan débil que no se toma en cuenta en el reino micro cósmico. Consecuentemente, el descubrimiento de la partícula de Higgs "God particle" no llegaría al descubrimiento del origen del universo; simplemente porque dicha partícula es intermedia que apareció después que aparecieron los fotones y electrones.

12). la teoría del Big Bang prevé que el destino del universo depende de la relación entre la densidad de la materia del universo y la Constante Cósmica; depende del ritmo de la expansión de los cuerpos celestiales y la fuerza de atracción gravitatoria entre ellos. Es decir, la atracción o la repulsión dependen de la misma fuerza de gravedad entre las masas.

Al principio todo el mundo creía que el universo era estático sin transformaciones. Lógicamente al ser tan infinitamente fuerte la fuerza gravitacional, constreñiría el universo material colapsándolo, por lo que Einstein creó la Constante Cosmológica, una fuerza repulsiva que balancea la propia fuerza gravitatoria, manteniendo así al universo estático. Pero, con el descubrimiento de la expansión de las galaxias por Hubble, Einstein reconoció que era un gran error.

13). La teoría del Big Bang cree en que el átomo, la masa se formó por acción de la fuerza de gravedad de la Materia Negra; mientras que la expansión del universo es causada por la Energía Negra.

En conclusión:

A). singularidad: la teoría del Big Bang establece que el universo surgió a partir de una compresión del universo haciéndose cada vez más denso, más caliente, más pequeño hasta convertirse en un átomo primordial.

B). Big Bang: una inmensa explosión ocurrió hace catorce mil millones de años. Todo el universo material desde átomos, moléculas, lunas, planetas, sistemas solares, galaxias y clústeres de galaxias fueron esparcidos. Hubo un período de violenta inflación, creando así el espacio y el tiempo. Por lo que el universo, el espacio y el tiempo tienen un principio y un fin.

C). Al expandirse el espacio, se produjo un enfriamiento en el primer minuto, formando así las partículas subatómicas y los primeros átomos ligeros como hidrógeno, helio, etc…. Toda la materia constituida únicamente por elementos ligeros, fue lanzada aceleradamente en forma radial en todas direcciones.

D). Después, el espacio entre los cuerpos celestiales fue incrementando pero a grande escala el universo siguió isotrópico y homogéneo. La fuerza que mantiene todos los cuerpos celestiales unidos dentro del universo es la fuerza gravitacional.

E). Durante la fusión nuclear de la estrella, la repulsión eléctrica de los electrones balancea el auto atracción de la fuerza gravitacional; pero cuando a la estrella se le acaba el combustible, se acaba la repulsión eléctrica también. La estrella se colapsa y se convierte en un agujero negro causando una singularidad regional. Dentro del aguje negro la fuerza gravitacional es infinita al grado que incluso el fotón que no posee masa, no puede escaparse de dicha inmensurable fuerza gravitacional de atracción, formando otro corpúsculo, infinitamente denso.

F). El fenómeno de espejo "lensing" también se le atribuye a la fuerza de gravedad la cual hace que ni los fotones se puedan escapar.

G). la extensamente buscada partícula Higgs bosón, "Partícula de Dios" es esencial para la existencia del campo de Higgs; por lo tanto es esencial para el Modelo Estándar. Esto implica que el Modelo Estándar también es de masa dependiente.

Por todo lo anterior, podemos concluir que la columna vertebral de la teoría del Big Bang o Modelo Cosmológico en realidad es la fuerza gravitacional la cual es de masa dependiente. Cualquier línea de investigación, observación, interpretación, conclusión, todo se le atribuye a la fuerza de gravedad. Por lo tanto, la teoría del Big Bang, y por ende, el Modelo Cosmológico es una teoría de la masa y de masa dependiente fuerza gravitacional.

Por esta misma razón que la fuerza gravitacional depende única y exclusivamente de la existencia o no de la masa, la teoría de Big Bang confronta varios problemas:

1). *Cuando la materia aparece, surge la antimateria inmediatamente. ¿Cómo pudo la poca materia predominar, permitiendo la formación del universo material, si la materia es aniquilada inmediatamente después de su aparición? ¿Cómo pudo formarse cuerpos celestiales gigantescos si ni a duras penas había podido formarse la materia?*

2). *Durante el estado inicial de la formación del universo, las partículas subatómicas iniciales no poseían masa. Una vez que adquirieron masa, la fuerza de gravedad era muy débil y lenta debido a la poca y ligera materia existente, constituida por partículas subatómicas y elementos químicos ligeros.*

   ¿Cómo *pudieron formarse al azar estrellas y galaxias;* más aún cómo pudo *formarse el universo a partir del homogéneo polvo si la fuerza de expansión y de inflación eran enormes que actuaban en sentido opuesto a la conglomeración de las masas, opuesta a la débil fuerza atractiva de gravedad?*

3). Las radiaciones cósmicas de microondas fueron distribuidas homogéneamente y el calor era isotrópico en forma radial esféricamente en todo el universo. En un mismo eje, la luz, los fotones, viajaron en sentidos opuestos del centro de emisión a la periferia. ¿Cómo pudieron mantener la misma densidad y temperatura durante un viaje de más de l, 370 millones de años?

4). *El átomo primordial era la materia más densa y dura que jamás podría existir en el universo. ¿Qué provocó el inicio de la gran explosión y qué fuerza pudo hacer que semejante compacta y concentrada materia, hecha de estrellas y galaxias explotara haciéndose añicos, pulverizándose homogéneamente?* ¿Pudiera la misma fuerza de gravedad hacer explotar el átomo primordial y con una sola explosión? Si en cualquier explosión la materia se esparza en diferentes tamaños y a diferentes velocidades. ¿Por qué no existieron grandes fragmentos o partes de estrellas y de galaxias, si el átomo primordial era resultado de una singularidad hecha de estrellas y galaxias? ¿Cómo pudo ocurrir la formación de todo el universo material en cuestión de segundos con homogeneidad, si todo dependiera de la fuerza gravitacional?

5)   *¿Más aún, con qué velocidad los fragmentos de la infinitamente densa materia fueron disparados para formar el universo en fracción de segundos como afirma el Modelo Cosmológico? ¿Pudieron las masas de elementos químicos viajar a mayor velocidad que la de la luz? ¿Era el universo un globo expandiéndose con los cuerpos celestiales sobre la superficie del globo, conteniendo el espacio vacío y el tiempo?*

6).   *El universo ha sido homogéneo e isotrópico, esto constituye el Principio Cosmológico, el cual a la vez es una de las evidencias del Modelo Cosmológico. ¿Cómo pudo la fuerza gravitatoria que causa singularidad contrayendo y comprimiendo toda la materia hacia al centro, causar al mismo tiempo semejante equitativa homogénea distribución hacia afuera?*

7).   *Se dice que en esta homogeneidad solo existía "polvo". Posteriormente se convirtió en elementos ligeros. No se sabe qué consistencia tenía ese polvo.*

8).   Actualmente la densidad de la materia y el ritmo de expansión es semejante, fue la razón por la que se creía que el universo era estático. El universo debería encontrarse estático puesto que después de la explosión, expansión e inflación ya no existían más masas, ya que toda la masa del átomo primordial ya había sido esparcida y utilizada en la formación de los cuerpos celestiales, en la formación del universo.

Actualmente el universo aún se encuentra expandiendo y la expansión se acelera más y más. La materia del universo solo constituye menos del 4.7% del contenido, la cual no posee suficiente fuerza de gravedad para mantener los cuerpos celestiales unidos. El fenómeno de la dispersión infinita de los cuerpos celestiales ya debería ser observable. ¿Cómo no se ha desintegrado el universo bajo tan débil fuerza gravitacional por falta de mayor cantidad de masa?

Para explicar que los cuerpos celestiales aún se han podido mantener unidos, el Modelo Cosmológico ha especulado la existencia de una Materia Negra en el vacío, haciendo posible que la fuerza gravitacional pudiera mantener toda la materia del universo unida y no terminar descuartizándose infinitamente. Sin embargo, la materia negra no posee masa ni peso aunque se llame materia, por lo que en realidad no posee fuerza de gravedad. ¿Cómo puede una materia irreal ayudar a una materia real?

9).   Como el universo se está expandiendo, se especula la existencia de una Energía Negra también, la cual constituye la mayor parte del contenido del universo. Como la energía y la materia son intercambiables, por lo que el Modelo Cosmológico supone que la Energía Negra pudiera poseer una fuerza gravitacional repulsiva, responsable de la expansión del universo. ¿Cómo puede la fuerza gravitacional que posee un efecto constrictivo bien comprobado, ser una fuerza repulsiva, separatista a la vez?

10). Se dice que a través de la singularidad, todas las masas de todas las estrellas y galaxias, el vacío y el tiempo se comprimieron, resultando un extremadamente pesado solido átomo. De alguna manera ese átomo se intercambiaría por energía y comenzaría a formar un nuevo universo. El procedimiento, el escenario, el tiempo que requeriría para su formación son tan diferentes que sería imposible.

La materia es energía potencial tangible durante un tiempo determinado; mientras que la energía cinética es energía intangible. Ambas pueden ser intercambiables, más nunca es lo mismo. Para que la materia y la energía sean iguales requiere complejos procesos de transformación y un inevitable prolongado período de tiempo. Ocurre exactamente igual que la ley de Newton que puede ver el pasado, el presente, incluso prever el futuro. ¡Pero no puede ver un mismo ser vivo volver a integrarse de nuevo quizás nunca o dentro de billones de billones de años!

En realidad, energía y materia no podrían ser iguales en un tiempo determinado y en un mismo marco. ¡La gente podría acabar quemando todas las selvas de la Amazona y de California en diez años para obtener energía; pero la gente necesitaría esperar más de cuatro mil millones de años para obtener semejante cantidad de bosques y energía otra vez; tiempo que tiene de vida la Tierra! Es más, más del 50% de la fauna y bosques han sido bestialmente destruidos y exterminados en estos últimos quinientos años de "civilización" sin que exista la menor señal de recuperación.

11). La teoría de la Relatividad Especial afirma que nada viaja más rápido que la velocidad de la luz. Sin embargo, dos galaxias en extremos opuestos del universo pueden ser idénticas. ¿Cómo pudo ocurrir este fenómeno después que se separaron del mismo origen de emisión y viajaron miles de millones de años luz en sentidos opuestos? Sin embargo, la teoría de la Relatividad General justifica este fenómeno, cuya contradicción es difícil de explicar. ¿Cómo pudo viajar la materia a mayor velocidad que la de luz al inicio de la formación del universo?

12). *La teoría del Big Bang atribuye la formación de la masa, de los cuerpos celestiales, inclusive de todo el universo a la fuerza gravitacional infinita que produjo la singularidad. A partir de la singularidad se produjo la gran explosión, el Big Bang; todo se formó en forma casual y espontánea. ¿Cómo puede ser el universo tan lógico, tan ordenado, con todo un proceso evolutivo y de transformación regido por leyes astrofísicas en toda su extensión pero formarse a partir de una anarquía al azar? La fuerza de gravedad constrictiva no tiene el poder organizativo, generativo, ni evolutivo;*

13). *El Modelo Cosmológico afirma que toda la masa, la energía, el espacio y el tiempo apareció espontáneamente a partir de la nada. Mientras que afirma que las leyes físicas son universales en todo el universo.*

La ley física señala claramente que la materia no se cría ni desaparece, se transforma; el fotón no se cría ni desaparece. Por lo tanto, la nada solamente puede crear nada.

14). Existen galaxias que son más antiguas que el mismo evento del Big Bang. ¿Cómo, cuándo, de dónde aparecieron? ¿Cuáles son los límites del universo? ¿Existe un universo viejo fuera del universo nuevo, es decir, el universo nuevo se encuentra dentro del universo viejo?

15). La Tierra no es el centro del sistema solar, tampoco se encuentra cerca del núcleo de la galaxia, se encuentra en la zona confortable del sistema solar, la zona confortable de la galaxia Láctea (Milky Way), incluso en la zona cómoda del universo, alejada de las violentas vibraciones, calor, radiaciones ultra energéticas o cambios violentos. Es por eso que ha sido posible la formación de la vida en nuestra predilecta Tierra.

Contrariamente, la teoría del Big Bang supone que la Tierra está localizada cerca del centro del universo gracias a la cual el estado de la homogeneidad e isotropía es observable en todas direcciones.

16). *El Modelo Cosmológico, así como la teoría del Big Bang han considerado la fuerza gravitacional como la fuerza principal que rige, gobierna todos los eventos del universo, que le dio inicio y que le dará fin al universo. Sin embargo, Newton supuso que la gravedad es la fuerza atractiva que existe entre dos cuerpo pero que solamente tiene que ver con las masas, sin tomar en cuenta el espaciotiempo entre ellas. Además por grande que sea el tamaño de las masas en cuestión, se les consideran como un punto, concentrando todo el volumen en el centro geográfico de cada masa.*

Contrariamente, Einstein afirmó que la fuerza atractiva Newtoniana es una ilusión, que la fuerza gravitacional resulta del gradiente del espaciotiempo curvo; que los cuerpos celestiales giran por donde requiere menor esfuerzo, solo gracias a la inclinación del espacio tiempo. ¡O sea que la fuerza gravitacional descrita por Newton es inexistente! Por otra parte, pese a todo el esfuerzo de varios siglos no se ha podido dilucidar cuál es el gravitón, el mensajero quantum de la fuerza de gravedad.

Múltiples estudios han concluido que gravedad es la distorsión del espacio tiempo curvo.

¿Cómo puede la teoría del Big Bang y el Modelo Cosmológico basarse en la fuerza gravitacional y negar su existencia a la vez?

17). Para el Modelo Cosmológico, la fuerza gravitacional es tan poderosa que hasta los fotones pueden ser atraídos sin que se le escapen, tal como sucede en el fenómeno de espejo "lensing" y en los Agujeros Negros.

Ya ha sido demostrado:

Que los fotones no poseen masa, ni carga eléctrica;

Que son partículas subatómicas;

Que la fuerza gravitacional solo tiene efecto sobre la masa;

Que a nivel micro cósmico la fuerza gravitacional es casi nulo.

¿Cómo puede la fuerza gravitacional atraer el elemento más minúsculo y ligero del universo? La fuerza gravitacional no es la causante del fenómeno doble imagen de las estrellas lejanas; del efecto de espejo, de la formación de anillo. No es la fuerza que succiona a los fotones para meterlos al Agujero Negro, pese a que el fenómeno de lensing fue el hecho con que Einstein culminó como el científico más prominente del siglo veinte.

18). De cualquiera forma, la teoría del Big Bang solo explica el suceso inicial del universo. La fase caliente y densa marca el inicio del Big Bang, el inicio de la formación del universo. No demuestra cómo, cuándo, dónde y por qué apareció el átomo primordial. Es más, afirma que el universo apareció a partir de la nada, mas no demuestra qué existió antes del evento, cómo inició, qué lo inició. Lo más difícil de explicar es, qué fuerza pudo hacer explotar una estructura tan extremadamente compacta donde no cabía una pisca de espacio, donde se concentraba toda la materia de un universo.

Allí está la confusión: ¿existió un universo que fue comprimido hasta la singularidad previa al evento del Big Bang o no existió ningún universo material? ¿Cómo pudo aparecer un universo a partir de la nada en un mágico instante para darle cabida a la singularidad y en seguida suceder la explosión del Big Bang en fracciones de segundos?

19). *El Modelo Cosmológico atribuye a la fuerza explosiva del Big Bang como la causante de la continua expansión del universo, explosión que ocurrió hace cerca de 1,400 millones de años. Es difícil de imaginar cómo el efecto, fuerza sinérgica de dicha explosión, ha podido perdurar hasta nuestros tiempos. Más difícil resulta explicar,* cómo la *velocidad de la expansión no ha disminuido en directa proporción con la distancia que han viajado los cuerpos celestiales, ya que la fuerza gravitacional que actúa en sentido opuesto se va debilitando.*

Todo al contrario, la expansión se ha acelerado, efecto que se le ha atribuido a la energía negra.

20). *Si todo partió de un extremadamente solido átomo primordial, indica que la materia pudiera generar materia; que partícula pudiera generar partícula, lo cual no es cierto.*

21). El descubrimiento de la partícula Higgs bosón pudiera explicar la razón de cómo las sin masa partículas subatómicas y los átomos adquirieron masa, emergiendo la fuerza de gravedad, de este modo llegar al origen del universo.

Es bien sabido que el campo electromagnético es formado por diferentes rangos y formaciones de energía de fotones. Qué constituye el campo de Higgs?

La partícula de Higgs deriva del campo de Higgs no el campo de Higgs deriva de la partícula. La partícula de Higgs obtiene masa al rotar por el campo de Higgs. ¿Qué forma el sin masa núcleo de la partícula de Higgs antes de que obtuviera masa al rotar por el campo de Higgs? ¿Es el campo de Higgs un reservorio de masa?

Podemos concluir que la teoría del Big Bang no expone el verdadero origen del universo, sino pone en evidencia que el Modelo Cosmológico, teoría del Big Bang que resultó de la singularidad es una interpretación contradictoria que requiere revisión.

La teoría del Big Bang solo ha descrito la fase inicial del universo, mas no qué, porqué cómo, cuándo y en dónde se formó el universo.

No obstante, los esfuerzos de los científicos y cada descubrimiento científico han dado incontables beneficios a la humanidad. Cualquier teoría ha contribuido fructíferos logros y avances para la vida. Debemos reconocer que el Modelo Cosmológico y la teoría Big Bang han abierto la puerta del cielo para nosotros. Es asombroso que sin los instrumentos modernos ni telescopio, Einstein pudiera fundar las bases de la astronomía y astrofísica moderna.

MODELO ESTÁNDAR

El reinante Modelo estándar que describe los constituyentes de la estructura microcósmica del universo ha llegado a la cumbre al descubrir la partícula Higgs bosón, completándose el Modelo Estandar.

El diez mil millones de costo, Gran Colisionador de Hadrón del CERN y otros han descubierto casi todas las partículas subatómicas excepto la de Higgs. Se cree que esa es la partícula de interacción del campo de Higgs; que el campo de Higgs permea todo el universo. Es por medio del campo y el mecanismo de Higgs que se concede masa a las partículas subatómicas.

Se cree que es la partícula de Higgs bosón la que proporciona la llave para descubrir el misterio del origen de la masa de toda existencia en el universo. De no poseer masa, ninguna partícula subatómica tendría masa y viajarían a la velocidad de la luz. Consecuentemente, no existirían lunas, planetas, estrellas, galaxias, clústeres de galaxias, ni tampoco plantas o seres vivos.

Allí estriba el mandatorio descubrimiento de la partícula de Higgs bosón por su clave importancia, que ha sido apodada como la "Partícula de Dios". Porque implica la existencia o no del universo en que vivimos, la existencia o no de los seres humanos; además, justifica ese enorme gasto. Sin duda, es un éxito trascendental sin paralelo del siglo.

El descubrimiento de la partícula de Higgs no solamente confirmaría la existencia del campo de Higgs y el mecanismo de Higgs sino también explicaría la interacción electromagnética, la fuerza entre de las partículas de cargas eléctricas y magnéticas; La formación del núcleo del átomo por la fuerza fuerte. También explicaría la interacción electro-débil responsable de la degradación radioactiva, unificando así las tres fuerzas.

Sin embargo, el Modelo estándar dejaría a fuera a la fuerza gravitacional que es la fuerza principal del Modelo Cosmológico, y Teoría del Big Bang; tampoco incluiría la Materia Negra. La Materia Negra constituye el 99% de la materia baryónica. Es decir que el campo de Higgs solo denota el 1% a la masa del universo, quedando de incógnita, cómo ese 1%, le da masa a todo lo demás.

La masa del Higgs Bosón es crítico para el pretendido cálculo del espacio tiempo con lo cual se obtiene y prevé el destino del universo. Según el cálculo, el universo terminaría en un fatal cataclismo, el cual sucedería en diez mil millones de años a partir de ahora.

Sin embargo, los hadrones son partículas compuestas que derivan y pueden derivarse en partículas aún más pequeñas. La fuerza gravitacional apareció después de la aparición de los fotones, electrones, todas las partículas, átomos y masas.

La existencia de las partículas subatómicas masivas requiere la existencia de las partículas subatómicas no masivas primero; requiere la existencia del campo de Higgs e interactuar para adquirir masa. Lo que refleja que el campo de Higgs, el mecanismo de Higgs y su partícula, forman un eslabón intermedio en la formación del universo.

Siendo tan trascendental la partícula de Higgs, aún sin su descubrimiento debería ser evidente los efectos del campo y del mecanismo de Higgs, su acción debería estar expuesta hace mucho tiempo tal como la interacción gravitacional ha sido bien confirmada desde siglos, por la época de Newton, sin el descubrimiento de la partícula de interacción, el gravitón.

El hecho de que el cumplimiento del Modelo Estándar dependiera del descubrimiento de la masiva partícula de Higgs y que la adquisición de masa requiera del campo de Higgs y el mecanismo de Higgs, pone en evidencia de que el Modelo Estándar sea un modelo de masa-dependiente. Por lo que el Modelo Estándar solo describe el funcionamiento de una pequeña parte del inmenso universo.

No obstante, el gran descubrimiento de la partícula de Higgs sin duda cambiará dramáticamente el mundo de la ciencia y de la tecnología. Por lo que contraerá incontables beneficios a la humanidad.

TEORÍA DE LA ENERGÍA ORIGINAL

La teoría *de la Energía Original establece que el universo se formó a partir de una Formación de Energía de Fotones Originales, la cual era fría, congelada pero inmensurable enérgica. A través del proceso de Fotogénesis, la Energía Original emitió fotones mensajeros que poseían toda clase de códigos, capaces de generar y constituir toda clase de existencia, incluyendo la formación de la vida en el universo.*

La teoría establece que antes que se formara el universo actual, la Formación de la Energía Original ya existía. Bajo casi 0 Kelvin los fotones se encontraban con la longitud de onda extremadamente reducida, inmóviles, sin aceleración, sin rotación, sin eléctrica o magnética vibración; sin campo electromagnético, unos ángeles sin alas.

La Energía Original era una sola, sin distinción como energía cinética o energía potencial; tampoco como energía espacio-tiempo; ni distinción de las cuatro fuerzas actuales que son fuerza fuerte, fuerza electro débil, fuerza gravitacional y fuerza electromagnética. *Tampoco la de Higgs.*

Los Fotones Originales eran trillones de trillones de trillones más energéticos que los fotones actuales. Ellos fueron generando electrones, extendiendo la longitud de onda, multiplicándose, transformándose en fotones cada vez de menor frecuencia en forma sucesiva.

Los fotones Original al ir generando electrones en forma masiva, el calor se elevó al máximo nivel posible. Nace el universo como un globo de incandescente radiaciones de fotones y electrones.

La Energía Original consta de fotones los cuales poseen energía cinética y energía potencial, por lo que comprende dos transformaciones cíclicas principales:

I). *Proceso Extensivo de Photogénesis PEP: un proceso donde los fotones de extremadamente alta frecuencia y de longitud de onda sumamente compacta, liberan electrones, convirtiéndose en fotones cada vez de menor frecuencia y de mayor longitud de onda.*

Una pequeña cantidad de 5% de la intensamente densa, comprimida EO, se desplegó, se desenrolló, extendiendo progresivamente la longitud de onda de los fotogenes,

Al continuar la Fotogénesis, los fotogenes y fotones se esparcieron homogénea e isotrópicamente dentro del globo de fuego. La EO se expandió, se infló, formando la maya estructural del universo; ejes y núcleos de todos los embrionarios cuerpos celestiales

Al ir disminuyendo la frecuencia y la temperatura; la energía cinética va transformándose en energía potencial, formando la energiasfera interna y toda existencia material como partículas subatómicas, átomos, planetas, estrellas, galaxias y clústeres de galaxias.

Al mismo tiempo, forman la energiasfera externa que es el espacio-tiempo que envuelve a los cuerpos celestiales.

La materia entra en entropía liberando fotones y electrones los cuales se suman a la energiasfera externa hasta llegar a los límites con el espacio interestelar y retornan como una corriente de electrones, fotones de baja frecuencia y partículas neutras, las cuales son reabsorbidas por el eje y núcleo del cuerpo celestial. Estos elementos son reciclados, convirtiéndose en fotones de alta frecuencia y son reusados de nuevo. De esta forma los cuerpos celestiales duran billones de años.

II).	*Proceso Ascendente de Fotogénesis PAP: proceso donde la energía potencial se va convirtiendo en energía cinética; toda existencia material se va desintegrándose, convirtiéndose en átomos, partículas subatómicas hasta electrones y fotones. Los fotones de menor frecuencia van absorbiendo electrones, convirtiéndose en fotones cada vez de mayor frecuencia y menor longitud de onda, reciclándose la materia.*

Al ir absorbiendo los electrones, los fotones van aumentando la frecuencia hasta convertirse en extra o ultra rayos gama. El calor va descendiendo al ir disminuyendo la cantidad de electrones incluso puede llegar hasta casi 0 Kelvin.

Esta alternante, cíclica transformación *puede ocurrir a nivel microcósmico o a nivel macrocósmico; puede ocurrir a nivel subatómico o a nivel de las estrellas o galaxias. Más aún puede ocurrir en la transformación entera del universo.*

Por lo tanto, el Proceso Extensivo de Photogénesis (PEP) constituye el continuo sistema de formación y renovación de los cuerpos celestiales; mientras que el Proceso Ascendente de Photogénesis PAP, constituye el sistema de reúso y reciclaje del universo. El fotón está hecho de energía cinética y energía potencial; estos procesos reflejan el sistema alternativo de transformación entre energía cinética y energía potencial, constituyen la fuerza real que rige el universo.

La teoría de la Energía Original o teoría de Photogénesis o Fotongénesis es basada en la energía, afirma que cada cuerpo celestial, cada objeto, cada vida posee una energía intrínseca de Fotones Originales responsable de la generación, formación, evolución, desarrollo, degeneración y reciclaje; responsable de la rotación, acción, reacción o transformación; responsable de todos los proceso físicos, químicos, eléctricos, magnéticos y biológicos.

Siendo el fotón la unidad básica, el mensajero de la interacción electromagnética, implica que dicha energía creativa, era y es la energía electromagnética, a partir de la cual el universo se formó y sigue evolucionando y transformándose.

Esto implica que el universo NO se formó a partir de un pesado, denso, extremadamente caliente, masivo átomo primordial. Implica a la vez que el universo NO derivó de una extremadamente densa masa o de la masa dependiente fuerza gravitacional; implica que el universo

NO se formó posterior a la singularidad causada por una fuerza gravitacional infinita.

A través de la Fotogénesis, los Fotones de la Energía Original les dio origen a todo lo existente, incluyendo la vida vegetal y animal de la Tierra u otra forma de vida en alguna otra parte del universo.

El espacio-tiempo era inherente a la Energía Original, todo incluido dentro de la Formación Energética de Fotones Originales. El tiempo provenía del eterno pasado, del infinito retroceso pretérito; proveniente de la constante transformación cíclica. Pero como el espacio y el tiempo están íntimamente relacionados, cada ciclo es independiente. Es por eso que no se puede tomar en cuenta el tiempo del pasado dentro de cada ciclo.

El espacio existía como un espacio virtual, incluido dentro de la compacta Energía Original, caracterizada por la absoluta ausencia material. Por lo tanto, la Energía Original comprendía el máximo valor de energía, el máximo valor de espacio y máximo valor de tiempo. Pero en el comienzo de ese periodo inicial del universo, la masa era cero, el espacio era cero, el tiempo era cero, hasta la temperatura era casi cero. Todo comenzaba desde cero, excepto la inmensurable Energía Original.

Cuando todo debería de ocurrir, la Energía Original emitió fotones mensajeros. Dentro del sistema cerrado, los inmóviles y congelados fotones comenzaron a vibrar, a friccionar, entrando a un proceso de generación, librando electrones. Los Fotones Originales precursores de los fotones actuales del espectro electromagnético común, poseían energía trillones de trillones de veces más alta, capaces de desarrollar extrema alta frecuencia. Debido a su poder generativo podríamos nombrarlos como Fotogénes?

A partir de los fotogénes derivaban pares de electrones y positrones los cuales se separaban, convirtiéndose en pares de fotogénes de menor frecuencia. Los fotogénes se transformaban nuevamente en pares de electrones y positrones y estos en fotogenes de menor frecuencia. Así sucesivamente haciéndose menos energéticos y de mayor longitud de onda.

Cuando hubo excesiva cantidad de fotogénes dentro del cerrado sistema, ellos vibraron intensamente, calentándose, comenzando a rotar, a vibrar, a polarizar, formando el eje magnético. El eje magnético rotatorio indujo a la formación eléctrica, completando el campo electromagnético.

Dentro de la conglomerada, apretada formación de fotogénes continuaron formándose electrones y positrones los cuales colisionaron entre sí, desencadenando la reacción termonuclear. El calor y la presión se elevaron al máximo, al mismo tiempo la frecuencia de vibración de los fotogénes se elevó al máximo.

La teoría de la Energía Original postula que cuando los Fotones Originales llegaron al límite máximo posible de vibración, la formación de Energía Original se abrió, los componentes eléctrico y magnético se pusieron perpendiculares. En el cambio de fase surgió la máxima explosión. Los fotones volaron con la velocidad superior a la de la luz actual, como ángeles con alas. Nace el universo como un globo de fuego de extremo calor, donde solo existían fotones y electrones. Esta fue la fase de la gran explosión o el Big Bang de la Energía Original; posterior a un período de incubación de la EO.

La teoría de la Energía Original afirma que el universo tal como la vida, se generó de la Energía Original por medio del proceso germinativo transformador. El universo entero, tanto la energía como la materia, tanto el espacio como el tiempo, tanto los átomos como los cuerpos celestiales, tanto la vida vegetal como animal están constituidos por fotones de Energía Original de diversas cantidades, diversas frecuencias e incalculables combinaciones.

¿Podríamos nombrar a este proceso *descendente creativo como Proceso Extensivo de Fotogénesis PEF donde los fotones ultra energéticos generan energía por medio de la liberación de electrones, convirtiéndose en fotones de menor frecuencia y todo el contenido material del universo?*

Debemos hacer hincapié que el proceso de Fotogénesis puede ser al revés: los fotones de menor frecuencia al ir absorbiendo la energía de los electrones se convierten en fotones de mayor frecuencia y menor longitud de onda; este es el Proceso Ascendente de Fotogénesis PAF.

Si analizáramos el espectro electromagnético, la luz visible es tan solo una franja angosta alrededor de una banda de 700 nm, el resto del espectro es invisible. Durante la formación del universo, todos los fotogénes y fotones eran extremadamente energéticos, rayos ultra gama y extra gama los cuales eran más energéticos que los rayos gama del espectro electromagnético común. Obviamente ellos no eran visibles. ¡El universo era *oscuro* durante millones de años!

Posterior a una serie de explosiones, la EO se dispersó heterogéneamente, estableciendo múltiples centros de energía, los cuales en un futuro se convertirían en los núcleos de las galaxias, estrellas, sistemas solares. Al continuar la Fotogénesis formando múltiples energiaesferas, cada núcleo formaba una estructura globular, estableciéndose la fase de Nucleogénesis.

Al irse dividiendo, extendiendo, desenrollando, alongando la longitud de onda, los fotogénes expandieron e inflaron el universo, al mismo tiempo la energía cinética se convertía en energía potencial, derivando electrones, partículas subatómicas dando origen al universo material.

A continuación se expone el mecanismo de cómo los fotones ultra energéticos se convirtieron en diversos fotones menos energéticos hasta el espectro electromagnético común constituyendo el universo:

1). A partir de la Energía Original EO, los Fotones Originales ultra energéticos se convertían en fotogénes; los fotogénes se transformaban en electrones y positrones, los cuales se separaban, convirtiéndose en fotogénes de nuevo, pero cada vez menos energéticos;

2). El fotogén está constituido por electrón y positrón, ellos se separaban convirtiéndose en pares de fotogénes. De los nuevos fotogenes derivaban electrones y positrones los cuales reaccionaban de inmediato, convirtiéndose en fotogénes de menor frecuencia; este proceso se repetía una y otra vez sucesivamente;

3). Al formarse el campo magnético, se forma la carga eléctrica de los fotogénes, sus campos se pusieron perpendiculares; los fotones volaron a mayor velocidad que la velocidad de la luz, pudiendo multiplicarse y esparcirse velozmente. Este fue el factor determinante que permitió al universo expandirse rápidamente;

4). Los fotogénes al ir dividiéndose, iban desplegándose, desenrollándose, extendiendo las ondas, formando la maya estructural electromagnética del universo;

5). Los nuevos fotogénes inducían la formación de electrones y positrones los cuales se "aniquilaban"; de la aniquilación se consumía la minúscula masa que poseían los electrones y se neutralizaba la carga eléctrica, naciendo nuevos fotones neutros, sin masa ni peso, sin carga eléctrica y de mayor longitud de onda. De los nuevos fotones derivaban pares de electrones positrones reaccionándose, naciendo fotones menos energéticos, repetitivamente.

Al haber excesiva cantidad de electrones y positrones ellos se colisionaban entre sí, produciendo reacciones termonucleares, elevando inmensurable calor de nuevo. Durante largo período de millones de años, el recién nacido universo era un incandescente globo de fuego constituido exclusivamente de fotogénes, fotones y electrones altamente enérgicos que se extendían multiplicándose;

6).   los fotogénes al liberar electrones, se transformaban en estado plasmático; a la vez se convertían en fotones de menor frecuencia. Fueron los fotones que se desenrollaban y se extendían, los causantes principales de la expansión del espacio y de la inflación del universo. Esto equivalía a la extensión de la longitud de onda y disminución de la frecuencia, efecto que perdura hasta la actualidad;

7).   el periodo inicial del universo, representa la época más energética de la evolución del universo, lo que implica que los fotones actuales provienen de fotones que poseían extremadamente alta frecuencia, los cuales eran fotogénes de donde derivaron todos los fotones de diversos rangos y de múltiples combinaciones del espectro electromagnético.

Por medio de la liberación de electrones, los ultras energéticos fotones de la Energía Original se transformaron en fotogénes; de los extra energéticos fotogénes derivaban electrones y positrones convirtiéndose en rayos gama. Luego liberando electrones los rayos gama se convirtieron en rayos X; después, liberando electrones se convirtieron en rayos ultravioletas; los ultravioletas se transformaron en violeta, en los siete colores de la luz. A continuación los fotones de la luz visible liberando electrones se convirtieron en rayos infrarrojos, luego en rayos microondas y rayos radios sucesivamente. En cada paso, se convertían en fotones de menor frecuencia y de mayor longitud de onda;

8).   durante esa época de multiplicación, del dominio de los fotogénes hiperenergéticos, el universo era un globo de fuego, no existía masa ni podría existir, puesto que al formarse se quemaría de inmediato. Por lo tanto, no existía la fuerza contractiva gravitacional; solo existía la energía electromagnética cinética.

Fuera del extremadamente caliente, denso, comprimido globo de fuego no existía ninguna resistencia, ninguna presión opuesta. Al no existir fuerza que contrarrestara la presión positiva de la radiación saliente, los fotones inflaron violentamente el universo con una velocidad mayor que la velocidad de la luz.

9). Posterior a este periodo surgieron múltiples explosiones alterando la homogeneidad e isotropía, los fotogénes se agruparon formando los nucleones de los futuros cuerpos celestiales.

Los fotogénes poseedores de códigos de elevada energía cinética, poseían una actividad germinativa dinámica dosificada que podrían transformarse en energía potencial.

Una vez que disminuyera lo suficiente el calor, de los fotogénes, derivaron las partículas subatómicas. Los fotones a través de los electrones les dieron masa a las partículas subatómicas; fue cuando emergió la fuerza gravitacional, pero era una fuerza insignificante, débil, tardía y lenta. La presión positiva, repulsiva de las radiaciones hacia afuera, superaba a la fuerza contractiva de la débil constrictiva fuerza gravitacional. ¡Consecuentemente, esta fue la manera y la razón como la materia superó a la antimateria!

En toda acción o reacción, fotones menos energéticos fueron liberados; los positrones también eran menos energéticos con la misma proporción, razón por la cual los electrones superaron a los positrones. Los electrones precedentes pesaban más que los positrones por la misma razón la materia pesaba más que la antimateria ¡Este es el mecanismo por el cual el recién nacido universo pudo formarse y no colapsarse!

10). *Una vez que disminuyera el calor y que se hayan formado las diversas partículas masivas subatómicas, se combinaron, formando toda clase de protones y neutrones, formando los núcleos atómicos. Al disminuir aún más el calor, disminuyó la vibración de las partículas, por lo que pudieron ligarse los núcleos de protones y neutrones con los electrones. Hasta entonces, se formaron los átomos de los elementos químicos ligeros, razón por la cual la abundancia de elementos ligeros al inicio de la formación del universo. La masa surgió, dentro de los núcleos de las futuras galaxias y estrellas embrionarias, donde la temperatura seguía siendo muy elevada, constituyendo la fase de Nucleosíntesis;*

11). *A partir de los núcleos embrionarios, se fueron formando* átomos, compuestos y masas. *Hasta entonces, fue cuando se consolidó la fuerza gravitacional pero era excesivamente débil para conglomerar masas para formar cuerpos celestiales.*

La verdadera razón por la cual las partículas subatómicas pudieron formar elementos ligeros y los elementos ligeros pudieron formar elementos pesados; luego los elementos pudieron formar compuestos, masas hasta cuerpos celestiales, fueron las cargas eléctricas y magnéticas entre ellos, como sucede en cualquier reacción química, ¡donde la fuerza gravitacional no tiene nada que ver!

12). el inicio de la formación del universo representa la época más caliente; la teoría de la EO afirma que es la época cuando se formaron todos los elementos, incluyendo los elementos de elevado peso molecular. La teoría establece a la vez, que esos elementos pesados se colocaron en los núcleos de los cuerpos celestiales durante el periodo de Nucleogénesis. Las explosiones *posteriores* de las supernovas formaron elementos pesados también, pero fueron colocándose en capas más superficiales de los cuerpos celestiales y en el vacío en etapas posteriores;

13). dentro de los núcleos de las galaxias o estrellas, la fusión nuclear libera fotones por medio de la Photogénesis, desde los extra energéticos fotogénes a menos energéticos fotones, como rayos gama y otros fotones del espectro electromagnético común; suministrando abundantes electrones y positrones que entran en reacciones termonucleares. Por lo tanto, el universo entero resultó de la transacción entre fotones y electrones. El elemento inicial o final siempre fue el fotón de algún rango energético.

14). una vez formada la materia, la materia decae, los átomos expiden radiaciones, los electrones se cambian, moviéndose desde orbitas de más elevada equivalencia a menor equivalencia o sea a órbitas menos energéticas, liberando fotones menos energéticos.

El núcleo de las galaxias o de las estrellas *continuamente reciclan* y reúsan los fotones electrones *y las partículas subatómicas que llegan a los límites de las energiasferas y retornan; son succionados por el eje y núcleo. Por eso la larga vida de billones de años de los cuerpos celestiales. Pero tarde o temprano ese consumo de la energía y de la masa agota las reservas. Afortunadamente esos fotones y electrones quedan englobados dentro de la energiaesfera que rodea al masivo cuerpo celestial. Los mismos cuerpos celestiales se convierten en hoyos negros, reciclando todo. Entran al Proceso Ascendente de Fotogénesis, convirtiendo fotones menos energéticos en fotones altamente energéticos de nuevo.*

¡No existe ningún secreto mayor más que el fotón y la conjugación del fotón con los electrones, por medio de la Fotogénesis constituyendo toda la existencia del universo!

La energía, principalmente electromagnética es la EO que existe en todo el espacio, en todos los núcleos de toda estructura material; es la fuerza intrínseca de todos los cuerpos celestiales. Eso implica que la Energía Original es la principal energía que rige en todo el universo. La energía que hace girar todas las estructuras celestiales, desde la Tierra, los planetas, el Sol, las galaxias, los conglomerados de galaxias, incluso el propio universo. Eso implica también que en cada núcleo de cada célula, de cada ser vivo existe la Energía Original.

Para el Modelo Cosmológico fuera de nuestro universo no existe un espacio-tiempo, puesto que se ha determinado que el universo termina incluso antes que las galaxias más antiguas. Si la teoría del Big Bang fuese correcta ¿cómo puede el doblamiento o hundimiento del espacio-tiempo causar que el enorme universo entero rote? ¿De dónde se sujeta tal espacio-tiempo para sostener el universo? ¿Qué inclinación toma para hacer rotar, girar y orbitar al universo? Si la maya del espacio-tiempo fuese cuadrado como lo describe el Modelo Cosmológico ¿cómo puede mantener los cuerpos celestiales circulando en una órbita específica, uniforme de forma circular o elipsoidal? ¿Por qué la Tierra no se resbala y cae sobre el Sol al circular por el hundido espacio-tiempo sin una energía intrínseca autóctona que controle su dirección? Si la estructura del espacio-tiempo se hundiera en cada presencia de masas, la maya estructural no sería suave y lisa, los cuerpos celestiales no podrían girar con una coordinada exactitud matemática.

La respuesta es que la Energía Original es la fuerza intrínseca que forma los ejes y núcleos de los cuerpos celestiales y del mismo universo; la que causa las rotaciones rítmicas, matemáticamente exactas, sincronizadas con las fuerzas de los cuerpos celestiales circunvecinas. Esto demuestra que no es el hundimiento del espacio-tiempo el causante de una deriva inercita.

El efecto de la rotación por la Energía Original, es la causa de la esfericidad. La explosión inicial del universo fue radial, por lo que el universo era esférico, expandiéndose con el espacio y el tiempo lleno de fotogénes y fotones. Mientras se extendían las ondas de los fotones, mientras se desataba la energía cinética de los fotones, el universo se expandía más y más en forma radial desde el mismo centro de emisión.

La rotación de la Energía Original revuelve, mezcla, gira. Es la causa de la isotropía y homogeneidad, tanto de la distribución de la materia como de la temperatura. Por lo que es el factor primordial, causante del Principio Cosmológico, de la homogeneidad e isotropía de las radiaciones que se quedaron en el espacio.

Lo más extraordinario de la Energía Original es que existe en todos los núcleos de las galaxias, estrellas, lunas, planetas, átomos, células, óvulos, espermatozoides, huevos, neuronas, así como en todo el espacio también; posee códigos y mensajeros con los que rige y transforma *en una forma planeada y ordenada al universo. La Energía Original forma la red estructural del universo, es la que le da forma, tamaño y poder rotativo al universo. Su acción es instantánea e indetectable con métodos convencionales, sin localidad o temperatura.*

La interconectividad entre la red de las partículas subatómicas y fotones han demostrado la no localidad e instantánea correlación de todo el cosmos a pesar de la enorme separación gracias a la red de integración de la Energía Original. Eso equivale a que la EO sea la energía que mantiene al universo abierto, en forma de globo; es la energía de la red estructural del universo. Si esta afirmación es real, no sería difícil comprender que el universo se formó con la extensión de la extremadamente compacta energía.

La Energía Original regula la temperatura, controla la Nucleogénesis, Nucleosíntesis, la formación de nuevas galaxias, la formación de agujeros negros, el reciclaje de la materia, el equilibrio y distribución de energía-masa, masa-energía.

Cada estructura contiene una cantidad determinada, intrínseca de Energía Original en el núcleo, que no solamente hace que dicha estructura material tenga su particularidad, que sea esférica, que el tamaño y forma sean diversos, sino también su entorno. El espacio alrededor de la materia se llena de energía emanada desde el núcleo formando la energiaesfera que engloba el cuerpo celestial, delimitando los cuerpos celestiales. La energiasfera es la que refleja la curvatura geodésica, dándoles a todos la forma globular.

La Energía Original ocupa el núcleo y el eje giratorio central de cada estructura material. La materia suele concentrarse simétricamente en el centro ecuatorial, por lo que el sistema solar aparenta ser plano, distribuyéndose todos los planetas, las lunas, asteroides en el ecuador, en un plano vertical al eje. A pesar de que el sistema solar entero es esférico. Igualmente sucede con el sistema galáctico y el universo. El universo aparenta ser plano, pero es esférico. Porque la Energía Original es esférica en forma radial y llega más allá de los confines de los limites materiales, más allá de las galaxias viejas.

El pequeño, pequeñísimo electrón, con una masa inapreciable, gira todo el tiempo con su energía intrínseca. Eso solamente es posible por contener pequeña cantidad intrínseca de Energía Original. El poder del electrón se encuentra en la energía que engloba esféricamente al núcleo del átomo.

El cosmos siempre ha sido regido por la Energía Original, todas las actividades del universo derivan de ella. La fusión nuclear se realiza en el núcleo de nuestro Sol de donde los fotogénes altamente energéticos liberan radiaciones con presión positiva, la cual supera sobrepasando a la fuerza constrictiva gravitacional. La presión de estas radiaciones también supera sobresaliendo a la bien conocida aniquilación entre electrón y positrón, liberando fotones. Lo que implica que de la aniquilación entre electrones y positrones sea una coalición, formándose la luz y las radiaciones solares. La aniquilación es parte de la transformación de las estrellas y no una desaparición o un fin fatal.

La Energía Original es una energía integral, que puede extenderse, desenrollarse convirtiéndose en fotones comunes al ir liberando electrones. O al revés, comprimirse, compactarse, enrollarse absorbiendo electrones, haciendo que los fotones comunes se conviertan en fotogenes más energéticos. Por lo tanto, la Energía Original está constituida por fotones de tres niveles según su energía:

Ultra gama o rayos O, son fotones ultra energéticos que pueden tener trillones de trillones de eV, con longitud de onda extremadamente compacta. Son los fotones que forman la Energía Original los cuales pueden transformarse en fotones de muy baja frecuencia también. Poseen todos los códigos y mensajeros de todo lo existente en el universo. Se localizan formando principalmente los núcleos y ejes de todos los objetos; a la vez, forman la red estructural del universo;

Extra gama o rayos E, altamente energéticos de billones eV, con la longitud de onda extremadamente corta. Son los fotogenes, transformadores que pueden transformarse de energía a masa o de masa a energía. Son los mágicos fotones de la incertidumbre. Se localizan en los núcleos de las estrellas, galaxias, espacio interestelar, intergaláctico o en el vacío;

Los fotones comunes o rayos C, derivados de los fotogenes. Son los constituyentes del espectro electromagnético, desde radios, microondas, infrarrojas, los siete colores de la luz visible, ultravioleta, rayos X y rayos gama. Se localizan en todas partes.

Esta nomenclatura es una sugerencia; oficialmente existen eV, KeV, MeV, GeV, TeV, PeV, EeV que van aumentando de mil en mil electronvoltios.

El elemento fundamental es el fotón en los tres niveles, cualquiera de estas entidades puede transformarse en energía tiempo cinética o energía tiempo potencial y la energía siempre se conserva.

Los fotones tienen la dualidad de ser onda y partícula; mayor la longitud de onda, más a onda es el comportamiento; entre más corta la longitud de onda, más a partícula se asemeja su comportamiento. La teoría de la Energía Original afirma que este comportamiento se debe a que entre más alta sea la frecuencia más pequeño es el tamaño del fotón; más altas las frecuencias más compactas son las ondas. Los fotones pueden torcerse, enrollarse, encogerse, remolinarse convertirse en una bola semejante a una partícula.

Esta dualidad de los fotones, no solamente se limita a la estructura de los fotones, sino que también se refleja en el comportamiento funcional de los tres niveles de fotones. Por ejemplo: energía cinética y energía potencial; potencia eléctrica y magnética, componentes de las ondas y campo electromagnético; propagación de crestas y valles; alternancia de electrones y fotones en todos los procesos como fotogénesis, nucleosíntesis, fotosíntesis, photonsíntesis; transformación alterna de masa y energía; formación binaria de estrellas y galaxias, etc.....

La característica más importante de la Energía Original es que constituye los centros de inteligencia, poseyendo toda la información de todas las existencias; es altamente organizada y rige todas las actividades del universo. La Energía Original posee todos los códigos que determinan el nacer, vivir, morir, reciclar; el entorno del medio ambiente; duración del tiempo de existencia de todo lo que existió, existe o existirá, incluyen cosas que no deben de existir. Tal como las semillas, los huevos contienen todos los datos sobre los componentes, estructura, tiempo, espacio, duración de existencia de las plantas, animales o cualquier objeto.

La Energía Original es el origen de los fotogenes y fotones, de donde la Fotogénesis ocurre; su red estructural es el medio a trasvés del cual el fotón, el más fundamental elemento del universo viaja. La EO es una energía rotatoria, cualquier objeto que derive de ella rota y genera carga eléctrica la cual induce la formación de la potencia magnética formando el campo electromagnético.

Cuando la energía de una estrella o galaxia, se agota, el eje y el núcleo se mantienen girando, recolectando masa, cenizas, radiaciones, todos los remanentes, inclusive la luz, convirtiéndose en un agujero negro. El agujero negro recicla todo y convierte todo en fotones comunes. Los fotones comunes absorben electrones convirtiéndose en rayos gama; los fotones gamas siguen absorbiendo electrones y son comprimidos hasta convertirse en fotogenes de mayor frecuencia y menor longitud de onda en forma progresiva. Este es el revés proceso de la Fotogénesis o el proceso de Photonsíntesis, la compresión hace que la temperatura y la presión se eleven enormemente. Sin embargo, debido a que los fotones van absorbiendo cada vez más y más electrones, absorben toda la energía, haciéndose más energéticos pero la temperatura disminuye. En un estadio más avanzado, algunos agujeros negros pueden producir un enorme estallido convirtiéndose en supernova, librando rayos ultra gama y extra gama que son más energéticos que los rayos gama del espectro electromagnético común. A la vez pueden formarse nuevos cuerpos celestiales.

Casi todas las teorías de la astrofísica y astronomía se basan en la masa y de masa dependiente fuerza gravitacional. De acuerdo con la teoría del Big Bang, el evento del Big Bang se inició con un extremadamente denso, caliente, sólido átomo primordial, producto de la fuerza gravitacional infinita que comprimió toda la materia, espacio-tiempo de una supuesta singularidad que sufrió el universo. Ese infinitamente pequeño universo explotó en el evento del Big Bang.

Por lo tanto, una vez que sucediera la gran explosión, grandes sólidos fragmentos de material deberían haber sido disparados a diferentes velocidades.

Por otra parte, dicho átomo primordial era infinitamente sólido, con una fuerza gravitacional inmensurablemente grande que no existiría nada que lo pudiera explotar, separar o diseminar isotrópica y homogéneamente.

Una vez que se estallara, que la inflación sucediera, estrellas, galaxias deberían aparecer con una disposición al universo anterior. Sin embargo, este escenario no sucedió puesto que a la vez se suponía que el Big Bang surgió de la Nada y el recién nacido universo estaba constituido de polvo, de elementos ligeros. Claras contradicciones en todos los aspectos.

Contrariamente, la teoría de la Energía Original se basa en una energía de ondas electromagnética comprimidas, plegadas, enrolladlas, frías, hecha de Fotones Originales codificados. Esa Energía Original fue la que generó y dirigió la formación del nuevo universo.

La longitud de onda de los fotones de aquella energía ha estado extendiéndose, mientras que la frecuencia ha estado disminuyéndose durante más de mil quinientos millones de años. Lo que significa que en el inicio de la formación del universo la longitud de onda era inmensurablemente compacta con una frecuencia infinitamente elevada. Una vez liberados dichos Fotones Originales, se extendieron, inflando violentamente sin resistencia ni por dentro, ni por fuera. Esa es la razón por la cual el universo tomó forma en muy corto tiempo. ¡Esa es la razón por la cual el universo sigue expandiéndose, al ritmo que se siguen extendiéndose, desenrollándose las ondas de la EO!

A continuación se exponen los factores trascendentales que comprueban la veracidad de la teoría de la Energía Original:

1). *la posibilidad de la existencia de una formación energética constituida de Fotones Originales codificados, previo al suceso del cambio de fase de la Gran Explosión.*

La única posibilidad de que el universo se haya formado a partir de algo no voluminoso, a algo multiplicable, expandible e inflable, fue la reducida, fría formación de EO que se convirtió en el globo incandescente de fotones y electrones.

La única posibilidad de que algo enorme como un universo precedente se haya plegado, se haya enfriado hasta congelarse fueron los fotones que fueron absorbiendo el calor de los electrones; más no al revés que un enorme universo constituido de enormes galaxias haya sido comprimido por la fuerza gravitacional bajo inmensurable temperatura.

Las galaxias y estrellas se forman a partir de la Energía Original fría; mientras que las supernovas se forman de las inmensamente calientes explosiones de cuerpos celestiales muertas. Hechos que apoyan firmemente a la TEO que afirma que el universo derivó de los Fotones Originales congelados.

Bajo esta premisa, la exclusiva existencia de fotones ultra energéticos, que estuvieron cerca de cero K, que eran extensibles, inflables que posteriormente formaron el globo de fuego en el estadio inicial de la formación del universo, reúnen estos requisitos. Ya que no existía masa, ni podría existir masa, antes o después de la formación del globo de fuego. Consecuentemente, no existía la fuerza gravitacional y si llegara a existir, dicha masa dependiente fuerza gravitacional no poseía esa facultad extensiva en forma ordenada sino contractiva. La masa se desintegraría bajo violenta vibración y extrema alta temperatura, en vez de formar cuerpos celestiales gigantes;

2). La teoría de la Energía Original postula que la gran explosión sucedió cuando la temperatura se elevó al máximo, los Fotones Originales llegaron al máximo límite de vibración. En el cambio de fase surgió la máxima explosión.

3). la exclusiva existencia de fotogénes y fotones constituyendo la maya estructural del universo y la interacción electromagnética durante el período inicial. La energía de fotones es la que le dio forma, tamaño a la maya estructural del universo y la mantiene abierta.

La maya estructural del universo no fue ni podría formarse por una contractiva fuerza gravitatoria; no podría formarse por una conglomeración al azar de polvo y de cuerpos celestiales, sin orden ni estructura global;

4). la fuerza electromagnética predominó sobre la fuerza gravitatoria debido a la ausencia de la materia y ausencia de la contractiva fuerza gravitacional por dentro del globo de fuego; a la vez, la ausencia de fuerza y presión por fuera del recién nacido universo. Eso hizo posible la veloz inflación y expansión del universo, razón por la cual la rapidez de la formación; lo más importante de todo, previno el colapso del recién formado universo. Es posible que durante la formación del universo, los fotones que expandieron e inflaron el universo, viajaran a mayor velocidad que la luz. Esta afirmación no contradice que "nada viaja a mayor velocidad que la luz", puesto que los fotones si pueden viajar a la velocidad de la luz. Por otra parte, actualmente la luz está hecha de fotones visibles del espectro electromagnético que viajan en diferentes medios. Mientras que los Fotones Originales viajaron en el vacío absoluto;

5). *el inicio del universo, se caracterizó por la absoluta ausencia de materia o partículas de fluidos, ocupado exclusivamente por fotones y electrones, calor, radiaciones, con una temperatura inmensurablemente alta.*

Al expandirse e inflarse el universo, el calor, solamente pudo haberse transmitido por medio de radiación en el vacío. No podría ser por medio de convección o conducción, donde el calor requeriría la presencia de partículas materiales. En el recién nacido universo, no existía materia en ningún estado líquido, gaseoso, sólido o plasmático. *La persistencia de radiaciones de microondas cósmicas del fondo, reliquias del cuerpo termal, desde el inicio hasta la fecha, es la* única *prueba de la existencia previa del globo de fuego de dichas radiaciones. Este factor confirma irrefutablemente a la teoría de la Photogénesis en vez de la teoría del Big Bang, puesto que era lo único que existía, que pudiera transmitirse y persistir de este modo en el vacío;*

6). Hubble determinó que el viraje de la luz hacia al rojo del espectro; el viraje de la luz proveniente de las galaxias lejanas, es directamente proporcional a la distancia que ha viajado. A mayor distancia más rápido es el alejamiento de las galaxias.

Este claro, objetivo, descubrimiento del viraje de la luz, desde la franja violeta hacia a la roja, desde compacta longitud de onda a mayor longitud de onda, es la directa consecuencia de la progresiva extensión de la longitud de onda, desde los altamente energéticos fotones a menos energéticos fotones, iniciada desde el primer momento de la formación del universo hasta la fecha.

El corrimiento de la luz desde mayor frecuencia a menor frecuencia ha sido confirmado, ratificado, experimentado durante largo tiempo, sobre todo las últimas ocho décadas por científicos de la astrofísica, astronomía y agencias espaciales. Esto confirma que es el proceso de la Fotogénesis, transformación de los fotones que formaron el universo. ¡Es una prueba irrefutable, innegable, inderogable de la teoría de la Energía Original!

7).   la homogeneidad e isótropa distribución de las radiaciones, así como la temperatura de 3 Kelvin, son las evidencias más fidedignas de la expansión del universo que si bien apoya a la teoría del Big Bang, mejor demuestra la veracidad de la teoría de la Energía Original. Puesto que la expansión es causada por la extensión y desenrollo de las ondas de fotones, factores físicos comprobables. Mientras que en el Modelo Cosmológico no existe ningún factor o fuerza que produzca esta constante expansión, sino solo especulaciones de la existencia de la Energía Negra y su dudosa fuerza repulsiva gravitacional.

Los cuerpos celestiales han estado rotando y girando alrededor de las estrellas, las estrellas alrededor de las galaxias, todos alrededor del eje del universo. La isotropía y homogeneidad de la distribución de los cuerpos celestiales y del calor, son causadas por el efecto de rotación de la Energía Original y el equilibrio eléctrico, magnético entre los cuerpos celestiales y sus energiasferas.

La fuerza de gravedad, fuerza contractiva, agrupadora, que es el pilar de la teoría del Big Bang, contrariamente solo causa anisotropía y heterogeneidad;

8).   durante el estadio inicial de la formación del universo no existía masa sino solamente fotones y electrones ultra energéticos. Después, la Fotogénesis y Nucleosíntesis dieron lugar a la formación de partículas subatómicas. Gluones entraron en acción, emergiendo los protones y neutrones, aunados al descenso de la temperatura se combinaron núcleos de protones con electrones formando átomos. Es así como el universo se llenó de elementos ligeros como hidrogeno, helio, deuterio, etc..... La teoría de Fotogénesis afirma que los elementos ligeros se formaron a partir de fotones, electrones y partículas subatómicas, partículas aún más pequeñas, más no resultaron de la pulverización de la extremadamente condensada masa de estrellas, galaxias, clústeres de galaxias, resultado de la explosión Big Bang como afirma la singularidad de la teoría del Big Bang del Modelo Cosmológico. Si el universo se hubiera formado a partir de la extremadamente densa solida masa, a partir del extremadamente masivo átomo primordial, la gran explosión causaría la aparición de toda clase de átomos, compuestos, fragmentos, partes de estrellas o galaxias y no solamente de polvo de elementos ligeros; mucho menos se hubieran esparcido en forma homogénea.

En cualquier explosión de material sólido, resultan fragmentos de diferentes tamaños y se dispersan a diferentes velocidades. La homogeneidad e isotropía no hubiera ocurrido después del evento del Big Bang. Lo peor de todo, si el universo apareció a partir de la nada, de dónde salieron y en qué momento emergieron los cuerpos celestiales para darle cabida a la previa singularidad.

La teoría de la Photogénesis afirma que todos los elementos átomos, masa se forman dentro de los núcleos de las estrellas y galaxias por medio del continuo proceso de Fotogénesis, Nucleogénesis y Nucleosíntesis o sea que se formaron por lo menos quinientos millones de años después de la formación del universo de fuego;

9). *otra prueba palpable es la progresiva extensión de la red estructural electromagnética del universo y la extensión de las comprimidas ondas con el subsecuente aumento de la longitud de onda y disminución del nivel de energía y frecuencia. Estos son los factores responsables de la incesante expansión del universo desde el inicio hasta la fecha. Este hecho es uno de los factores más sobre salientes que comprueba la veracidad de la teoría de la Energía Original.*

La expansión e inflación no son causadas por la distensión del propio espaciotiempo de causa desconocida o por la dudosa fuerza repulsiva gravitacional. Es más, la fuerza gravitacional además de ser constrictiva, no es repulsiva como afirma la teoría del Modelo Cosmológico. Las cargas eléctricas o polos magnéticos iguales son las causantes de la repulsión entre los cuerpos celestiales, contribuyentes de la expansión del universo.

El protón es de carga positiva; el protón pudo unirse a los electrones porque el electrón es de carga negativa. Todas las reacciones químicas y físicas se llevan a cabo por el cambio y la combinación de electrones. Esto implica que la formación de átomos, de compuestos, de masa, así como la formación de sistemas solares, de galaxias, inclusive de clústeres son interacciones eléctricas, magnéticas. Cargas iguales se repelen, cargas desiguales se atraen y la fuerza de atracción es inversamente proporcional a la distancia que los separan.

Consecuentemente, la fuerza real que produjo, produce y producirá la combinación de toda existencia desde partículas subatómicas, átomos hasta las gigantescas *súper clústeres de galaxias es la interacción electromagnética y no la interacción gravitacional.*

Más aún, la Energía Original forma el eje y nucleón de cada existencia, forma los fotones y electrones, por lo que forma la atracción eléctrica magnética. Esto implica que la interacción atractiva entre los cuerpos celestiales o entre los objetos no requiere considerar a una masa gigantesca como un punto en el centro de la masa como lo requiere la fuerza gravitacional Newtoniana; tampoco el incierto doblamiento, curvatura del espaciotiempo, como lo requiere la Relatividad General de Einstein.

Es la Energía intrínseca de cada objeto la que causa la atracción, rotación o repulsión según sus cargas. Esto implica irrefutable y categóricamente que la atracción o repulsión no es acción de la fuerza de gravedad, ni el doblamiento del espacio tiempo, sino las cargas eléctricas o magnéticas, al ser similares se repulsan, al ser desiguálales se atraen;

10). *la existencia de los estallidos pertenecientes a las galaxias más antiguas y lejanas, liberando energía de extrema alta frecuencia, energía de trillones y billones de eV más elevadas que las ondas gama, comprueban la existencia de fotones ultra y extra energéticos; confirma que el inicio de la formación del universo partió de fotones ultra energéticos como postula y afirma la teoría de la Energía Original desde hace varios años, antes de la publicación de este libro. Eso es tan valioso como la persistencia de las radiaciones* cósmicas, *reliquias del inicio del universo;*

11) la continua transformación de energía a masa o de masa a energía, dependen completamente de la transformación de la energía tiempo cinética y energía espacio tiempo potencial; depende absolutamente de la transformación de la energía de los fotogénes y fotones los cuales mantienen el equilibrio y conservación de la energía;

12). *la existencia de energiaesferas que existen alrededor de los cuerpos celestiales, así como afuera del universo material visible forman el espaciotiempo. Consecuentemente, el espaciotiempo es ocupado por la energía proveniente de los núcleos de los cuerpos celestiales. Toda acción causada por la "curvatura del espaciotiempo" en realidad es acción de los fotones, electrones y radiaciones provenientes del núcleo.*

No existe tal inercia, ni inclinación o hundimiento del espaciotiempo. La distorsión del espacio tiempo no equivale a gravedad. La fuerza de gravedad no produce reacciones químicas, no produce transformaciones, es una fuerza estática, fue por eso que la absoluta mayoría de los científicos contemporáneos de Einstein no entendían las teorías de la Relatividad. Aun el día de hoy hay quienes no se explican;

12). la transformación de estrellas o galaxias antiguas en agujeros negros cuando se les termina la combustión; la materia remanente, cenizas, radiaciones se transforman en luces y fotones; la conversión de fotones de menor frecuencia a de mayor frecuencia constituye el sistema de reciclaje del universo. A la vez, constituye la prueba más fehaciente del revés proceso de Fotogénesis y la reversión de toda materia y energía a Energía Original.

Solamente la transformación de la energía potencial a la energía cinética puede hacer posible la formación de los agujeros negros. La formación de agujeros negros no depende de la masa o de la masa dependiente fuerza gravitacional; no es otra forma de singularidad como lo describe el Modelo Cosmológico y Einstein, puesto que la fuerza gravitacional se va desvaneciendo conforme se va desgastando la masa. La fuerza gravitacional desaparece al desaparecer la masa. De acuerdo a la teoría de la Energía Original, la transformación de la masa a fotones y electrones, haciéndose cada vez más energéticos es otra faceta del proceso de la Fotogénesis;

13). *La constante transformación de la Energía Original hace posible el continuo cambio y renovación ordenada en el universo, lo cual determina la longevidad, destino del universo. El destino del universo no depende del ritmo de expansión y la densidad material existente o sea no depende de la Constante Cosmológica que el mismo Einstein había reconocido que fue un gran error de su vida; error que se sigue cometiendo el Modelo Cosmológico y la teoría del Big Bang. Tampoco depende de la contracción o "repulsión" de la fuerza gravitacional. El destino del universo depende del índice de transformación entre la energía potencial y la energía cinética, la cual la rige la inagotable Energía Original. La Energía Original no se acabará, por ende el mundo no se acabará;*

14). la incertidumbre o la existencia incierta, médula de la Mecánica Cuántica es causada por la transformación de los transformadores fotogénes que transforman la energía potencial a energía cinética o viceversa que aparecen como materia o "desaparece" convirtiéndose en energía;

15). tanto en el espacio como en la Tierra se han encontrado partículas altamente energéticas que aparecen espontáneamente en detectores vacíos, lo cual no ha sido dilucidada su procedencia. Eso podría comprobar la existencia de la Energía Original la cual existe en todas partes inclusive en el vacío y puede convertirse espontáneamente en partículas subatómicas;

16). ha sido comprobado que la interacción gravitacional es adecuada tanto para el macrocosmos como para la teoría de la Relatividad General. Ha sido comprobado también que la gravedad es insignificante e incompatible en el microcosmos y la Mecánica Cuántica.

Contrariamente, desde el punto de vista de la teoría de la Photogénesis el fotón es el constituyente más fundamental tanto de la energía como de la materia. Por lo tanto la interacción electromagnética es adecuada para el micro y macrocosmos. Lo que implica que el fotón es propicio tanto para el microcosmos como para el macrocosmos; tanto para la Relatividad General como para la Mecánica Cuántica. Por la misma razón la Energía Original es adecuada para el micro y macrocosmos;

17). *la teoría de la EO afirma que el universo derivó de una Formación de Energía con frecuencia extremadamente alta, trillones de trillones más fuerte que la energía que poseen los rayos gama del espectro electromagnético actual. Los estallidos de rayos ultra gama provenientes de las galaxias antiguas confirman este hecho. Estos ultra gama, ultra energéticos rayos han demostrado además que se van extendiendo, debilitando, disminuyendo su frecuencia hasta convertirse en rayos electromagnéticos del espectro común. Este fenómeno sucede exactamente como había postulado la TEO.*

Una prueba aún más contundente existe ya: los astrónomos han descubierto formaciones energéticas tan altas de 300 GeV que casi están fuera del espectro electromagnético en el núcleo de la Vía Láctea o sea Milky Way Galaxy. La TEO prevé que aún más altas frecuencias serán descubiertas. O sea que los núcleos están formados por ultra energética Energía. Otra prueba irrefutable de la teoría de la Energía Original;

18). la teoría de Photogénesis ha postulado que el universo se formó, se expandió, se infló, se sigue expandiendo, gracias a que la Energía Original ultra y extra compacta que se desenrolla, extendiendo la longitud de onda, apareciendo gran variedad de fotones. Por la misma razón, postula y prevé que existen y habrá mayor variedad de fotones extra débiles y ultra débiles. También prevé que pudiera realizarse nuevas combinaciones de los códigos y diferentes ondas electromagnéticas para nuevas formaciones energéticas o materiales. Es decir, si después de los dinosaurios aparecieron los humanos y otras especies, pudieran surgir otras especies gracias a las continuas transformaciones, combinaciones de los fotones.

19). los fotones viajan a la velocidad de la luz en el vacío, al entrar a diferentes medios de las capas de energiaesferas que envuelven a los cuerpos celestiales sufren difracción, reflexión, refracción, interferencia o polarización, disminuyendo su velocidad. Pero al salir de dichos medios, al entrar al vacío, viajan de nuevo a la velocidad de la luz, lo que demuestra que los fotones como los electrones poseen energía intrínseca la cual es la Energía Original. Esa velocidad no depende del doblamiento del espacio tiempo. Dicho con más precisión: *NO* es cierto que la fuerza de gravedad atrae al sin masa ni carga fotón;

20). *la luz visible constituye una estrecha banda en medio del espectro electromagnético, el resto de los fotones del espectro son invisibles. Los fotones extra y ultra energéticos con más elevada frecuencia que los rayos gama, son invisible, inclusive indetectables. Ellos constituyen toda clase misteriosas existentes de transición, que se les han atribuido a la Energía Oscura o Materia Oscura. Por lo tanto, la existencia de tales Energía Oscura como la Materia Oscura no es real. Esta predicción de que la energía o materia oscura son estados transicionales de la EO de la teoría de la Energía Original, se comprobará pronto;*

21).   si analizáramos el volumen de un átomo, el núcleo formado por el protón y neutrón es muy pequeño. Ellos ocupan un espacio insignificante; el electrón ocupa un espacio aún menor. La rotación del electrón es carga eléctrica, forma el campo eléctrico y el campo eléctrico induce a la formación del campo magnético, ambos forman el campo electromagnético. El resto del vasto volumen de un átomo es espacio saturado de energía electromagnética. Este fenómeno donde la materia ocupa un espacio insignificante, un porcentaje insignificante (4.7%) mientras la energiaesfera ocupa un espacio enorme (95.3%), ocurre en todo el ámbito del universo. ¡Lo que significa que el universo está constituido principalmente por la energía electromagnética, la cual está formada por fotones!

22).   La teoría de la Photongénesis establece que la masa y la energía del átomo forman una unidad, no solamente cuenta la masa. La masa de la Tierra y la geoenergiasfera, la energía que engloba la Tierra forman una inseparable unidad. El Sol y la heliosfera y toda la energía que lo engloba forman una unidad; cualquier cuerpo celestial y su energía que emana desde el núcleo hacia el espacio de su alrededor forman una unidad. Consecuentemente, masa y energiaesfera forman una inseparable unidad donde no solamente cuenta la masa como establece la teoría gravitacional Newtoniana; tampoco solamente cuenta el espaciotiempo curvo como afirma Einstein en la teoría General de la Relatividad.

El espaciotiempo es parte de la energiaesfera formado por el campo electromagnético giratorio, por radiaciones de fotones, electrones y partículas subatómicas. La cantidad de energía de la energiaesfera va incrementando proporcionalmente conforme va desgastándose cualquier objeto; conforme se consumen la EO. Es más estrellas y galaxias activas reciclan y reúsan los fotones y electrones que se devuelven al núcleo;

23).   por la misma razón, cualquier cuerpo celestial es mucho más grande que lo que aparenta su masa, su volumen. El espacio que ocupa llega múltiples veces más allá del límite de la masa. El universo pudiera ser cientos de veces mayor que el hasta ahora es visible y que se ha determinado.

Esto pone en evidencia de que el concepto de Einstein: "gravedad es hundimiento, distorsión del espacio tiempo" es erróneo;

24). El fotón y el electrón gira en su eje miles de millones de veces cada segundo, lo que implica que fotón y electrón poseen una energía intrínseca que los propulsa, esa energía es la Energía Original mas no el desdoblamiento del espacio tiempo;

25). la teoría de Photogénesis es una teoría basada en la energía donde la energía se transforma y se conserva siempre. Esto implica que el universo a través de la Energía Original se transforma cíclicamente y se conservará hasta la eternidad.

26). Bajo la dirección de la Energía Original los fotones mensajeros que poseen códigos de transformación les dieron origen a todo lo existente en el universo. El origen de todos los cuerpos celestiales, de toda la materia, de todos los seres vivientes plantas, animales y formaciones de energía ha sido constituido por el más fundamental elemento que es el fotón, por medio del proceso de Fotogénesis. Los fotogénes contienen todos los códigos de todo lo existente en el universo los cuales son una variedad de ondas de incontables combinaciones del espectro electromagnético.

27). *La teoría de Fotogénesis afirma que nada se forma a partir de la casualidad o de la nada, NADA solamente puede formar NADA. El universo es tan lógico, tan organizado, tan ordenado, tan natural, es gracias a la existencia y dirección de la Energía Original.*

28). *La teoría de la Fotogénesis postula que el fotón tiene un umbral máximo de vibración al llegar el calor al máximo grado posible, es cuando surgió la gran explosión; sigue surgiendo en los cambios de fase dentro de los núcleos de las galaxias.*

También pudiera tener umbrales máximos transicionales cuando la longitud de onda llegue a la mínima longitud posible convirtiéndose en fotones ultra gama. ¿Podríamos llamarles fotón alfa?

Los Fotones Originales de inmensurable frecuencia que estuvieron totalmente inactivos, bajo casi 0 K, pudieran haber sido los fotones alfa.

A la vez el fotón tiene un umbral mínimo de vibración, de mínima actividad, es cuando el fotón entra al estado letárgico, al llegar la temperatura al mínimo de 2.726 K. Los fotones de las radiaciones de microondas del fondo en el vacío que han permanecido desde el inicio de la formación del universo, pudieran ser el ejemplo. ¿Podríamos llamarles fotón omega respectivamente? El fotón omega no podría llegar a la temperatura de cero Kelvin, puesto que el fotón es onda, a cero grado Kelvin el fotón sería una línea recta, dejaría de existir.

29). *La NASA ha demostrado que cuando el electrón viaja cerca de la velocidad de la luz y entra a un fotón de bajo nivel energético, eleva al fotón a nivel de rayos gama o sea que el fotón absorbe su energía y se hace más energético. Esto confirma el proceso Fotogénesis Ascendente.*

30). *La NASA ha demostrado con un sofisticado y preciso Giroscopio que la gravedad es la curvatura del espacio tiempo. Ha detectado incluso la presencia del vórtex del espacio tiempo en presencia de un masivo cuerpo celestial, el caso del experimento fue alrededor de la Tierra. Confirmando así que la teoría de gravedad de Einstein estaba en lo correcto.*

Al mismo tiempo, el aparato demostró el fenómeno de deflexión que sufrió el eje giratorio del Giroscopio en el espacio tiempo.

La TEO afirma que cualquier objeto o haz de luz que entra a la energiasfera sufre cambio del trayecto o sea deflexión. El espacio tiempo es parte de la energiasfera. El eje del Giroscopio sufrió deflexión, confirmando así más bien que la TEO está en lo correcto.

31). *El telescopio Fermi de la NASA ha descubierto fotones extremadamente energéticos de hasta 300 billones electrón voltios formando globos de radiaciones en ambos lados del núcleo de nuestra Vía Láctea galaxia; confirmando la predicción de la existencia de la extremadamente alta frecuencia Energía Original en los ejes y núcleos de galaxias.*

32). *Las partículas subatómicas y las subsecuentes existencias materiales derivaron de la energía, no de otras partículas y mucho menos que hubieran derivado de un denso masivo, caliente átomo primordial, constituido por toda la materia de un universo. Masa no genera masa.*

El hecho de que una gran partícula hadrón pudo ser subdividida en una gran variedad de partículas subatómicas no significa que el universo provino de alguna partícula o de algún átomo *o masa sino de energía.*

La única energía existente del universo es la de fotones, de diferentes rangos y diferentes combinaciones. Los fotones ultra y extra gamas son invisible e indetectables que pudieran constituir el campo energético de Higgs. Consecuentemente, sin duda alguna, el universo se formó a partir de los Fotones Originales.

33). *Los astrónomos del telescopio del observatorio Fermi han localizado la primera luz del universo, emanada quizás desde una masiva estrella y agujero negro a 400 millones años después del evento Big Bang. La TEO sugiere que la primera luz del universo debería ser el globo de fuego del inicio del universo.*

34). *Durante el inicio, los Fotones Originales ultra-energéticos generaron inmensurable cantidad de electrones; electrón es calor por lo que se elevó extrema temperatura donde únicamente exist*ía radiación de *fotones y electrones dentro del incandescente globo. No había masa ni distinción de las cuatro fuerzas. Sin embargo, los fotones ultra-energéticos eran y son intangibles, indetectables e invisibles; ellos derivaron toda existencia materia o energía oscura que aún existe en la actualidad.*

Todo lo anterior confirma la veracidad de la teoría de la Energía Original en vez de otras teorías.

La teoría del Big Bang inicia a partir de la materia, materia que apareció a partir de la nada. La teoría de la Energía Original inicia a partir de la energía. Se ha establecido y es bien sabido que la masa y la energía es intercambiable, que son equivalentes en alguna situación especial. Por lo que podría pensarse que la teoría del Big Bang y la teoría de la Energía Original pudieran ser iguales. ¡Sí, eso es casi cierto! Ellos son casi iguales. Pero podría necesitarse más de veinte mil millones de años para que el universo material (la energía potencial) se convirtiera en un globo de fuego (energía cinética). ¡La gente podría tomar una década para convertir los bosques de la Amazona y California y de todo el globo en cenizas para obtener energía, pero tendrían que esperar más de cuatro mil millones de años para tener de nuevo dichos bosques! ¡Se nos olvidó el factor tiempo: la transformación de la energía tiempo cinética a energía tiempo espacio potencial requiere doble tiempo y una aceleración al cuadrado! Recordemos también que la masa no genera masa.

Creo que el Modelo Cosmológico y la TEO ambas son compatibles si la Singularidad se interpretara como la transformación cíclica de la energía potencial a la energía cinética por medio de la Fotogénesis. ¿Podríamos hacer distinción nombrándola como Singularidad Original?

La teoría de la Energía Original afirma que la formación del universo partió del proceso de Fotogénesis Descendente a partir de la Energía. Mientras que la Singularidad Original resultó de la Fotogénesis Ascendente donde la masa se convirtió en energía. Ambas resultan de la transformación de la energía cinética y energía potencial de los fotones.

FOTOGÉNES

En el inicio, la Energía Original se encontraba en un estado de hibernación y congelación. Los fotones se encontraban en reposo, con un campo electromagnético reducido que parecían puntos. Esos fotones poseían códigos y facultad generativa de multiplicar, transformar y convertirse en toda clase de fotones, conteniendo el valor total del espacio y el ciclo completo de tiempo. ¿Podríamos nombrarlos como "Fotogénes"?

La Energía Original al responder a la demanda propicia del entorno, emitió una pequeña porción de energía, unidad mensajera de los Fotones Originales, precursores de los fotones, cuya frecuencia virtual era trillones de trillones más elevada que los fotones actuales del espectro electromagnético común.

*Los fotogénes iniciaron un proceso de generación librando electrones, convirtiéndose en plasma primordial, y comenzaron a vibrar calentándose. La Energía Original comenzó a girar. Al producirse una cantidad excesiva de Fotogénes los cuales a la vez liberaban electrones aumentando su cantidad, se produjo fricciones entre electrones y positrones, produciendo reaccionando entre ellos. El calor y la presión se elevaron extremadamente. El campo magnético se formó, induciendo la formación del campo eléctrico; ambos se pusieron en forma perpendicular, formando el campo electromagn*ético. Los fotogénes *volaron a una velocidad mayor que la velocidad actual de la luz, en el cambio de fase, desencadenando una tremenda explosión.*

La explosión generó calor y presión aún más alta, billones de veces mayor que la de los núcleos de las estrellas actuales. Las cadenas de fotogénes se fragmentaron, se extendieron, se desenrollaron, expandiendo e inflando el universo.

Nada podría existir todavía bajo extrema presión y violenta vibración sino solamente la energía de fotogénes. No existía distinción de las cuatro fuerzas sino solamente el tronco común electromagnético de la Energía Original.

Los fotogénes derivan directamente de la EO, son coherentemente, organizados, invisibles, sin peso ni carga eléctrica, de suma alta frecuencia. Dependiendo en la fase en que se encuentren, pueden ser detectables o no.

Durante la formación del universo, los fotogénes jugaron la función más importante, generando fotones, multiplicándose. Al generar electrones y positrones, se convertían en pares de fotogénes auténticos pero cada vez de menor frecuencia.

El espacio-tiempo se infló por la esfera de fuego, con una velocidad mucho más rápida que la velocidad de la luz, descendiéndose la temperatura y la presión. Al mismo tiempo los fotogénes altamente energéticos se fueron transformando en fotogénes menos energéticos saturaron el universo durante un periodo prolongado. El oscuro espacio del recién nacido universo se convirtió en una esfera de fuego, lleno de plasma de la Energía Original, fotogénes y fotones.

Después de una serie de explosiones expansivas se abrió un nuevo espaciotiempo, dentro del infinito espacio, diseminando billones de billones mini esferas de fuegos, las cuales en el futuro se convertirían en los núcleos giratorios. Este fue el proceso de Nucleogénesis donde la Energía Original y los fotogénes se transformaron en los ejes y núcleos de las futuras estrellas o galaxias. Hasta la fecha esta es la forma como los fotogénes producen fotones desde el corazón de las estrellas.

La TEO establece que los Fotogénes son las piezas master de la incertidumbre; son las llaves del misterioso quantum gravitatorio. Durante la formación del universo el vacío se llenó de partículas virtuales que en realidad eran Fotogénes.

Los Fotogénes poseen la facultad de transformar la energía en masa o la masa en energía, a través de los electrones les dieron masa a las sin masa partículas subatómicas formando átomos. Esa no es ciencia ficción, los fotones están constituidos por energía cinética y energía potencia; por energía y masa virtual; mitad electrón, mitad positrón; una parte ondas otra parte partícula virtual.

Los electrones son inestables, muy sensibles a cualquier perturbación. Al convertirse el fotón en electrón y positrón, ellos se separan transformándose en fotones e incorporándose a la energía del entorno.

Bajo la acción de los transformadores Fotogénes, los electrones de carga negativa se combinaron con los protones formando átomos. Pares de electrones pueden adherirse a fotones formando cadenas de radiaciones eléctricas negativas hacia afuera, constituyendo el campo gravitacional.

El Modelo Estándar postula que las partículas subatómicas fermiones como protón, neutrón y electrón adquieren masa a través de la compleja interacción con el campo Higgs y las partículas bosones. Ellas interactúan con otras partículas bosones como gluon, quarks, w, z y leptones dándoles masa a las sin masa partículas subatómicas.

Los fotogénes constan de energía cinética o energía potencial, son onda-partícula, ingrediente intermedio entre energía y masa que pueden transformarse en energía o masa. Dentro del núcleo de las estrellas o galaxias los fotogénes son la matriz de los fotones. A través del proceso de Fotogénesis se transforman en electrones, plasma de Energía Original, o expiden fotones, convirtiéndose en partículas subatómicas, átomos, masas, para formar estrellas y todo tipo de objetos celestiales.

Los fotogénes no interactúan entre sí, tampoco directamente con ondas o partículas o masa. Generan los fotones, electrones y partículas subatómicas. Viajan a la velocidad de la luz en el vacío, actúan en forma sincronizada y se comunican instantáneamente en cualquier parte del universo entre sí. Tienen una vida indefinida, se encuentran en el núcleo de todos los objetos y cuerpos celestiales, desde el microcosmos hasta el macrocosmos. O sea desde las minúsculas partículas subatómicas hasta las galaxias. Los fotogénes pueden expedir fotones mensajeros que dan órdenes para formar elementos, masa o regular la energía, la temperatura o la presión, en vez de intervenir directamente en una acción.

Los fotogénes organizados forman el plasma primordial cósmico, actúan como un todo, formando la base energía-masa fundamental de los núcleos, así como del espacio interplanetario, interestelar, intergaláctico a nivel macro cósmico. Junto con la Energía Original ocupan la mayor parte del espacio libre; durante billones de años han estado irradiando fotones desde el corazón de las estrellas por medio de la Fotogénesis.

Los fotogénes forman el sistema de transformación de la Energía Original, desde ondas extremadamente compactas con frecuencias enormemente energéticas hasta toda gama de fotones de diversos rangos de longitud de ondas y frecuencias. Expiden o absorben fotones, creando o reciclando fotones. Esa es la forma como mantienen el equilibrio energía-masa, masa-energía. Son los responsables de la conservación energética. Dicho de otra manera, los fotogénes intervienen en la génesis de las estructuras materiales o en la lisis, reciclaje de las mismas.

Lo más extraordinario de los fotogénes es: junto con la Energía Original forman los poderosos núcleos de toda estructura material existente, desde el microcosmos hasta el macrocosmos. El eje giratorio de un átomo, de la tierra, de cualquier planeta, del sol, de las estrellas, de las galaxias, de los clústeres, hasta el eje del universo. Además forman un espacio de poder, de influencia esférica en cada una de esas unidades que es la energiaesfera. El espaciotiempo curvado por la presencia de un cuerpo celestial, descrito por Einstein en realidad viene siendo parte de la esfera de energía que engloba la estrella o la galaxia. Dicha energiasfera proviene del núcleo del cuerpo celestial en forma radial alcanzando cientos de veces mayor que el diámetro de dicho cuerpo celestial. Al confrontarse con las radiaciones de otros cuerpos celestiales forman los verdaderos límites y bordes de interfaces.

Se puede predecir que los fotogénes son los que forman la fuerza de gravedad, partiendo desde el corazón de todas las estructuras estelares y galácticas donde existe muy alta temperatura y presión. Donde solamente pueden existir fotogénes y fotones de alto nivel enérgico. Los fotogénes pudieran ser los constituyentes reales de la fuerza de gravedad, los que generan los gravitones.

Por lo tanto, los fotogénes es la energía germinativa de donde la materia, los cuerpos celestiales se forman.

La teoría de la Energía Original afirma que el vacío se caracteriza por la ausencia de la materia, donde los fotogénes, la energía tiempo cinética de la energía electromagnética es el principal ingrediente. La

Energía Original, expande y acelera el universo extendiendo la longitud de las ondas ultra energéticas; mientras que los fotogénes sostienen y mantienen el universo material unidos. Esa es la forma como el universo se mantiene estable, dando la impresión de un estado estático.

PLASMA
DEL
UNIVERSO

Después de la transformación de una parte de la Energía Original en fotogenes y estos al expedir inmensurable cantidad de electrones, se formó el estado plasmático. El electrón es calor elevándose la temperatura del recién nacido universo extremadamente. El universo hizo su aparición como un flamazo de intenso calor. Se caracterizó por la saturación y dominio exclusivamente de radiaciones de fotogénes, electrones y fotones. La rotación situó a los fotogénes en el centro y a los electrones en la periferia. Los fotogénes y fotones eran sumamente enérgicos que no se encontraban en el rango de la visibilidad, por lo que en el inicio, la esfera incandescente del recién nacido universo era invisible.

Después de una serie de explosiones causando anisotropía regional, billones de esferas de fuego fueron dispersados, los cuales se convirtieron en los futuros núcleos de las estrellas y galaxias.

Los núcleos galácticos son de energía pura constituidos por energía plasmática de fotones ultra y extra energéticos de Energía Original. El centro posee un eje vertical que aparenta ser un agujero formado por la energía plasmática giratoria, a partir de la cual se van formando partículas subatómicas, átomos, masa, sistemas solares.

El estado plasmático de fotogénes y electrones, persiste en el vacío entre los espacios interestelares, intergalácticos; constituyendo el principal contenido del universo.

FOTONES

La teoría *de la Energía Original, teoría de Fotogénesis afirma que: el fotón es el elemento constituyente de la maya estructural del universo; el constituyente más fundamental de todo lo que existe, sea energía o materia dentro del universo. Todo inició con el fotón, todo continúa con el fotón y todo termina en fotón. La energía está hecha de fotones, la masa se formó a partir del fotón; es por eso que energía y masa pueden ser intercambiables bajo determinadas condiciones, período de tiempo y aceleración.*

El fotón está constituido por la energía cinética y energía potencial; una parte eléctrica y otra parte magnética. Al rotar la carga magnética induce la formación del campo eléctrico; y el campo eléctrico induce a la formación del campo magnético, ambos constituyen el campo electromagnético. Al encontrarse ambos perpendiculares, los fotones viajan a la velocidad de la luz en el vacío. Cualquier existencia del universo posee estos dos componentes ya que todo, materia y energía están constituidos por fotones.

Al estar constituido el fotón por energía tiempo cinética y energía tiempo espacio potencial, faculta al fotón el poder de convertirse en energía o en materia; poseer la dualidad de onda-partícula. Es por eso que el fotón es la piedra angular que interviene en cada acción o reacción, transformación o evolución del universo.

Durante largo periodo de tiempo, el recién nacido universo se desarrolló por medio de ondas compactas que se fueron extendiendo. Una pequeña parte de la energía tiempo cinética comenzó a transformarse en energía tiempo espacio potencial ocupando espacio. Desde entonces y para siempre, la Energía Original forma la principal fuente de energía que forma, infla y expande el universo por medio de la extensión y transformación de las ondas de los fotones ultra y extra energéticos de la Energía Original.

Durante la formación del universo, antes y después de la gran explosión, los fotogénes se transformaban en fotones y electrones, los cuales llevaban una velocidad mayor que la velocidad actual de la luz, ya que viajaban exclusivamente en el vacío y se aceleraron con la fuerza de la explosión. El recién nacido universo se caracterizó por la presencia única y exclusiva de energía en tres modalidades que son: Energía Original, fotogenes y fotones. Ellos eran los constituyentes de la extremadamente alta presión y calor que inflaron el Espacio Virtual. El universo era reino de fotones. El universo continúa expandiéndose gracias a la energía cinética de la Energía Original que llevan los fotogénes y fotones desde el inicio.

Siendo onda el fotón se comporta como onda-partícula porque puede reducir su tamaño compactando sus ondas hasta convertirse en casi partícula. Pero sigue siendo onda que puede vibrar, oscilar, torcer, girar, comprimirse, extenderse, incluso duplicarse. Mayor es su frecuencia más a partícula se asemeja su comportamiento.

La Teoría de la Energía Original postula tres tipos de fotones de acuerdo a sus niveles de frecuencias de energía. Podríamos dividirlos de la siguiente manera si me permiten:

i). fotones ultra energéticos o fotones O que forman el eje y el núcleo.

ii). fotones extra energéticos o fotones E que son los fotogénes derivados del núcleo que transforman la energía en materia o viceversa;

iii). fotones del espectro electromagnético común o fotones C que forman la fuerza expulsiva saliente desde el núcleo; participan en la formación del cuerpo físico salen y llegan hasta los límites formando la energiasfera.

De acuerdo con la teoría de Energía original o la TEO, el fotón comprende de electrón y positrón. Al convertirse en electrón y positrón se forman fotones de mayor longitud de onda y menor frecuencia. Esta es la principal forma de la Fotogénesis en que los fotones antiguos de extrema alta frecuencia se convirtieron en los fotones actuales de menor frecuencia.

El fotón es el portador de energía de todos los rangos de longitud del espectro de radiaciones electromagnéticas, desde baja frecuencia hasta alta frecuencia que incluye:

Radio: ondas largas que se utilizan en transmisiones de señales de radio y televisión;

Microondas: que se utiliza en telecomunicaciones, celulares y hornos de microondas para cocinar;

Infrarrojas: en focos incandescentes, en fotografías y telescopios;

Luz visible: únicas ondas que el ser humano puede percibir. Es una estrecha franja de colores; varía de rojo, a naranjo, amarillo, verde, azul y violeta;

Radiación ultravioleta: la que causa quemadura de la piel, se utiliza para esterilizaciones en hospitales y áreas médicas; es la que da luz fluorescente en la oscuridad;

Rayos X: que se usa para tomar radiografías en los hospitales, telescopios, en aduanas;

Rayos gama: ondas de máxima frecuencia del espectro electromagnético común. Se genera en plantas nucleares y bombas atómicas.

La longitud de onda del espectro electromagnético, abarca desde más de un kilómetro para radio ondas, un nanómetro para rayos X y millonésima de nanómetro para rayos gama.

Pero de acuerdo con la teoría de la EO, los fotones pueden trascender a más alta frecuencia, a rayos extra gama que son los fotogénes y a rayos ultra gama que es la propia Energía Original, los cuales pueden ser billones o trillones de veces más fuertes. Si consideramos que antes que se extendieran y se diseminaran, los fotones eran sumamente compactos, la longitud de onda sería inmensurablemente cortas con frecuencias extremadamente elevadas. Contrariamente, pueden existir fotones más débiles como los biofotones que poseemos dentro de nuestro sistema nervioso.

Los fotones comunes forman los elementos fundamentales transportadores de la energía. Todos ellos constituyen el campo electromagnético. Por lo que la fuerza electromagnética es la fuerza más importante del universo.

Los fotones se propagan por medio de la red estructural electromagnética constituida por la Energía Original. La energía que llevan puede ser medida por la longitud de onda, amplitud, frecuencia o velocidad, desde eV, KeV, MeV GeV, TeV, PeV, EeV a ZeV, etc....

El fotón viaja a la velocidad de la luz en el vacío, pero dependiendo del ángulo de incidencia, al penetrar en diferentes medios, varía su comportamiento; presentando características de refracción, reflexión, difracción, interferencia y polaridad, por medio de cambios de frecuencia, longitud de onda o vector. También dependiendo de su tamaño, presenta diferentes acciones: menor su tamaño mayor su poder de penetración.

El fotón pierde energía al colisionarse con átomos o partículas de alta densidad que pueden absorber su energía, donde el fotón reduce su frecuencia e incrementa su longitud. El proceso puede ser al revés cuando el fotón absorbe energía.

Los fotones son emitidos por fotogénes por medio del proceso de Fotogénesis. A partir de fotones ultra energéticos se generan electrones y estos generan nuevos fotones; de esta manera fotones y electrones se generan mutuamente jugando un papel fundamental en la formación del universo.

Del fotón derivan electrón y positrón los cuales entran en reacción derivando partículas subatómicas, hidrógeno, helio y otros elementos químicos ligeros. Luego la reacción termonuclear entra en acción, estos productos de nuevo se convierten en fotones y electrones. Los electrones y positrones entran de nuevo a la reacción termonuclear hasta cerrar la producción de la cadena de fotones, electrones y positrones; produciendo elementos de elevado peso molecular y moléculas o entrando de nuevo a la reacción termonuclear. Lo que implica que todo se formó a partir de la energía de los fotogénes y fotones.

El átomo está formado por protón, neutrón y electrón, donde el protón y el neutrón vienen siendo una misma entidad, solo que uno es con carga y el otro sin carga. A la vez, el protón o neutrón está constituido por partículas elementales: quark y gluon principalmente. El fotón real puede interactuar como ambas entidades: partícula y colección de quarks con gluones. De donde se deduce que los átomos vienen siendo fotones de distintas frecuencias y longitudes de ondas y partículas de diferentes cargas de energía. Es por eso que el fotón es partícula básica, constituyente del átomo, ya que constituye las partículas subatómicas.

La energía de un sistema que emite fotones decrece, la cual puede sufrir una reducción en su masa como sucede en el Sol y en todas las estrellas que continuamente se están consumiendo; opuestamente, la masa de un sistema que absorbe fotones incrementa. Esto demuestra que las partículas subatómicas y los átomos derivan de los fotones.

El fotón contiene dos componentes: energía cinética y energía potencial. Cada uno puede tener el máximo valor durante el comienzo o el final de cada evento y demostrar predominancia de su momentum. Por ejemplo, en el inicio de la formación de una estrella, la energía potencial es cero mientras que la energía cinética tiene el máximo valor; cuando la estrella masiva termina su formación, antes que suceda el decaimiento, la energía tiempo espacio potencial llega al máximo. La alternancia entre la energía cinética y energía potencial es la fuerza real de cualquier actividad y transformación de todo el universo.

La dualidad entre la energía cinética y la energía potencial es el ritmo de interacción entre las dos energías: al disminuir la energía cinética incrementa la energía potencial; al disminuir la energía potencial incrementa la energía cinética. La energía siempre se conserva gracias a este mecanismo

El fotón puede absorber electrones y convertirse en fotones de menor longitud de onda y mayor frecuencia lo cual es la otra forma de la Fotogénesis.

Cuando la energía tiempo cinética llega a su máximo en un entorno cerrado, con una elevada temperatura y presión, la energía tiempo espacio potencial llega a cero. Todo lo existente se convierte en fotones. Los fotones trascienden absorbiendo electrones convirtiéndose en fotogénes de extremadamente alta frecuencia, como sucede en los agujeros negros. Los electrones se agregan a los fotogénes, produciendo fotones cada vez más energéticos hasta convertirse en Energía Original, devolviendo la energía al seno del universo.

Los fotones son elementos electromagnéticos que viajan a la velocidad de la luz en el vacío. Cualquier objeto desde las partículas subatómicas, átomos, electrones hasta planetas, estrellas galaxias y clústeres de galaxias, giran incorporándose al campo electromagnético. El universo entero está constituido por energía o masa, factores formados por fotogénes y fotones. Por ende por la Energía Original.

En realidad, si el comienzo del universo fue por medio de fotones, luego se transformó en el globo de fuego de fotones, no ha de extrañarse que el fotón siga siendo el constituyente más básico y fundamental de toda la existencia del universo: invisible o visible, ondas o partículas, energía o masa. El corrimiento de la luz hacia al rojo confirma este proceso de la Fotogénesis. Y como el fotón deriva del fotogéne, todo deriva de la Energía Original.

Teóricamente es predecible que la fuerza de gravedad la constituya alguna especie de fotón. Esto daría como resultado que el fotón sea la unidad básica de las cuatro fuerzas: fuerza fuerte, fuerza débil, fuerza electromagnética y fuerza gravitacional.

Podemos concluir, que los fotones al extenderse hicieron posible la formación y expansión del universo. Forman desde las ondas gama hasta las ondas radio del espectro electromagnético; constituyen el campo electromagnético; forman la red estructural del universo. Los fotones tienen la capacidad de comprimirse, apretarse, enrollarse penetrando a cualquier lugar; pueden duplicarse por medio de Fotogénesis; actuar como transmisores de mensajes de los fotogénes, actuando en cualquier reacción o transformación.

La teoría de la Energía Original postula que gracias a la bipolaridad y la facultad de conjugación con los electrones, permiten a los fotones adherir un polo al eje central de los cuerpos celestiales, formando cadenas de fotogravitones unidireccionales, constituyendo la fuerza radial, atractiva, negativa gravitacional.

Los fotones pueden cambiar su velocidad al pasar a través de diferentes medios, pero al salir de ellos vuelven a tener la misma velocidad de la luz en el vacío, lo que indica que poseen una energía intrínseca. Desde la formación del universo, los fotones han estado transfiriendo su energía a los electrones. Al "aniquilarse" los electrones y positrones producen pares de fotones menos energéticos.

Los fotones no solamente son los constituyentes de la materia inorgánica inerte; también son de la materia orgánica y de todas las plantas y seres vivientes. La luz solar y las radiaciones estelares se van transformando conforme van penetrando a la atmósfera de la Tierra. El fotón es el origen de la vida. A demás, porque el fotón es inteligente, es por eso que existen los seres inteligentes.

A partir de los fotones ultra y extra energéticos mayor cantidad de fotones quizás continúen extendiendo su longitud de onda y tener menor frecuencia, convirtiéndose en otras variedades de fotones, quizás ultra o extra débiles fotones en un futuro. Al haber nueva combinación y variedad de fotones habrá nuevas transformaciones, nuevas formaciones de materia y por qué no, nuevos seres. Los biofotones son ejemplos.

La teoría de la Fotogénesis postula que el fotón tiene un umbral máximo *de vibración al llegar el calor al máximo grado posible; es cuando surge la explosión en el cambio de fase. A la vez el fotón tiene un umbral* límite mínimo de vibración, es cuando el fotón entra al estado letárgico al llegar la temperatura *muy baja de congelación. Los fotones de las radiaciones de microondas provenientes desde el inicio de la formación que han permanecido bajo la temperatura de 2.725 K pudieran ser el ejemplo. Esto implica que la longitud de onda tiene un límite* mínimo en los fotones ultra energéticos y un límite máximo *en los fotones ultra débiles. Podríamos llamarles fotón alfa y fotón omega respectivamente, si me permiten.*

ELECTRÓN

De acuerdo *a la teoría de la Energía Original, la Fotogénesis es el proceso de transformación del fotón en electrón y positrón. El positrón no aparece espontáneamente de la nada solo porque aparece el electrón sino porque el fotón contiene energía cinética y energía potencial, al transformarse en energía potencial se convierte en un electrón y un positrón.*

La Fotogénesis descendente se caracteriza en: a partir de los Fotones Originales ultra-energéticos derivan electrones y positrones que se separan convirtiéndose en fotones. Los nuevos fotones se transforman en electrones y positrones, que nuevamente se transforman en fotones sucesivamente. Pero cada vez que liberan electrones aumentan la longitud de onda y disminuyen la frecuencia haciéndose menos energético; proceso que satura de fotones del espectro electromagnético común que se requiera.

Esta ordenada, guiada generación ocurrió durante la formación del universo; ha continuado en toda clase de transformación, evolución de la energía; continúa en los núcleos de las estrellas y galaxias en los procesos de Nucleogénesis y Nucleosíntesis.

La Fotogénesis ocurre también de forma ascendente, donde los fotones de baja frecuencia van absorbiendo electrones hasta convertirse en fotones de alta frecuencia incluso fotones extra o ultra energéticos.

Al ir absorbiendo electrones, los fotones adquieren mayor cantidad de energía, aumentado la frecuencia pero disminuyendo la longitud de onda. Fenómeno que ocurre en el sistema de reciclaje durante la Nucleolísis y Photonsíntesis en los agujeros negros.

Los electrones se formaron desde el inicio de la formación del universo, derivándose directamente a partir de los Fotones Originales por medio de la Fotogénesis. Desde entonces, los electrones siempre se han asociado con los fotones en todas actividades: química, física, biológica, termoeléctrica; en todas acciones, reacciones evoluciones, transformaciones. Esto equivale a que los electrones intervienen en los procesos de Photogénesis, Nucleogénesis, Nucleosíntesis, Fotosíntesis, así como en la Nucleolísis, Photonsíntesis del Sistema de Reciclaje en los Agujeros Negros.

El electrón es una partícula elemental, no posee subestructura o componentes. Su momentum angular es spin ½ por lo que es fermión.

Los electrones rotan alrededor del núcleo de protón que es de carga positiva y el neutrón de carga neutra del átomo. Los electrones de carga negativa, giran con su energía intrínseca, millones de veces por segundo; vibrando forman el campo eléctrico y este induce a la formación el campo magnético; ambos forman el campo electromagnético; proceso que forma el poder de la aglutinación formando átomos, compuestos y masa. Lo que implica que la formación de átomos, moléculas, masas es por medio de la acción electromagnética.

Los electrones se comportan como onda y partícula tal como los fotones.

De acuerdo con la teoría de la Photogénesis el fotón está constituido por la unión de electrón con positrón en un estado neutro y sin peso.

El electrón es la partícula más pequeña, más ligera, tan fundamental como los fotones. En el proceso de la Fotogénesis, cada fotogén genera un par de electrón y positrón, los cuales reaccionan neutralizando sus cargas eléctricas, consumiendo la masa, formando fotones menos energéticos.

La magia ocurre justamente aquí en la transformación del fotón que es energía y el electrón que es materia. El secreto del origen del universo, de la formación del universo, de la formación de todo lo existente en el universo; incluyendo la formación de los seres vivos y el mundo vegetal, está encerrado en esta transformación, a partir de los más pequeños elementos que son los fotones y electrones. ¡Todo el secreto está en la transformación de energía a materia y de materia a energía; de energía cinética a energía potencial; de energía invisible a energía visible!

El universo entero se originó del mismo ingrediente que son los fotones liberando o absorbiendo electrones, los cuales fueron transformándose en partículas subatómicas, átomos, masas hasta la formación de los cuerpos celestiales. Por lo tanto, todo obedece a las mismas leyes físicas, químicas, eléctricas, magnéticas, termonucleares y biológicas. Por eso es la homogeneidad sin importar desde dónde se mire o quien fuese el observador. Por eso la distribución isotrópica de la temperatura y la radiación de microondas del fondo en todo lo largo del universo. Esto se debe a que todo lo existente del universo proviene del mismo origen que fue el globo de fuego de Fotones Originales desde el principio de la formación del universo hasta la fecha.

La teoría de la Energía Original ha postulado que la radial energiaesfera emanada desde el nucleón hasta la zona limítrofe de las estrellas o de las galaxias de todos los cuerpos celestiales, está formada por la combinación entre fotones y electrones. De este modo los fotones y electrones forman el campo electromagnético, la interacción de la fuerza gravitacional y el espacio tiempo. Comprobar y demostrar cómo se combinan para realizar este complejo trabajo es el máximo desafío de la ciencia contemporánea. Esto demostraría que la fuerza electromagnética y la fuerza gravitacional están formadas por los mismos ingredientes, fotones y electrones estructurados en forma diferente.

La Photonsíntesis ocurre en los agujeros negros donde toda la materia, cenizas, luz, radiaciones o cualquier existencia son convertidas en fotones y electrones. Los electrones son absorbidos por los fotones en forma ascendente potencializándose, haciéndose cada vez más energéticos. Proceso que ha sido nombrado como Photonsíntesis en esta teoría o el PAP.

Consecuentemente, el fotón incrementa su frecuencia y reduce la longitud de onda, transformándose desde rayos radios a rayos microondas, a infrarrojos, a luz visible, a rayos ultra violeta, a rayos X, hasta a rayos gama. En un estadio más avanzado, los electrones pueden potencializar aún más a los fotones, convirtiéndolos en fotones extra gama que son los fotogénes y ultra gama tan energéticos como los Fotones Originales.

Este mismo mecanismo sucedería si el universo llegara a su fin. Todo el universo material se convertiría en fotones y electrones; toda la energía en forma de electrones seria absorbida por los fotones potencializándose.

Los fotones reducirían su longitud de onda hasta billonésima y trillonésima de nanómetro, haciéndose cada vez más compactos. Durante este proceso los mismos fotones de menor frecuencia se convertirían en electrones para potencializar a los fotogénes, reduciendo la población de fotones a solo fotones ultra energéticos.

Los electrones son los elementos claves que hicieron posible la transformación desde ultra energéticos Fotones Originales a fotones menos energéticos del espectro electromagnético común. También son los elementos que hacen posible la conversión de fotones de menor frecuencia a mayor frecuencia hasta convertirse en fotones ultra energéticos. Esto implica que la Fotogénesis es de doble vía, en forma descendente o en forma ascendente.

Esta interacción donde los fotones liberan o absorben electrones es el mecanismo más básico de la Fotogénesis que ha permitido toda la formación y transformación del universo.

CALOR
TEMPERATURA

La Teoría *de la Energía Original establece que antes del nacimiento de nuestro universo los Fotones de la Energía Original se encontraban bajo la temperatura cerca de cero Kelvin. Fue por eso que la energía pudo ser comprimida y conservada; es por eso que la contracción infinita hasta llegar a la singularidad fue posible en el ciclo del precedente universo, antes de la formación del nuevo universo. Cerca de cero grado, los fotones se encontraban en reposo, a cero velocidad y aceleración. El campo electromagnético era extremadamente reducido que los fotones parecían puntos. Nada se movía, todo se mantenía en hibernación.*

¡Es inconcebible que bajo extremadamente elevado calor, trillones de trillones de grados, la materia en cualquier estado: solido, líquido, gaseoso o plasmático se pudiera comprimir infinitamente hasta convertirse en un átomo primordial! Simplemente porque semejante monstruosa cantidad de materia como la existente en el universo, bajo extrema alta temperatura, en cualquier estado, justamente aumentaría su volumen inmensurablemente, más no reduciría su tamaño, hasta convertirse en un átomo. El volumen del universo sería trillones de veces mayor que del actual, inflado por el calor. ¡Efecto exactamente opuesto

a la singularidad! Si el universo se formó posterior a la singularidad debería iniciarse a partir de casi cero Kelvin.

La TEO ratifica que el universo se formó a partir del estado de congelación de la EO. Este fenómeno aún persiste: las galaxias y las estrellas derivan de la EO, bajo un nivel frío de temperatura; mientras que las supernovas surgen de las extremadamente calientes explosiones, al morirse los cuerpos celestiales.

En el periodo de incubación del universo, los fotones germinativos eran contenidos cerca de cero K. Al comenzar el proceso de Photogénesis produciendo cada vez mayor cantidad de fotogénes, los fotogénes vibraron calentándose, elevándose la temperatura. El calor era el factor más sobresaliente, requeriría más bien una temperatura moderada. Por lo tanto, antes que la gran explosión sucediera, la temperatura se fue elevando conforme la población de fotogénes se iba incrementando a través de la Fotogénesis. Los fotones ultra energéticos iban generando electrones que equivalen a calor.

Posterior al periodo de incubación anterior, la comprimida energía se pobló excesivamente de fotogénes los cuales se agitaron emitiendo electrones y positrones, desencadenando reacciones termonucleares. El calor se elevó extremadamente llegando a trillones de trillones de veces más alta que la temperatura del Sol. Hasta entonces, como en cualquier cambio de fase y transformación fundamental, la Gran Explosión ocurrió. Ese fue el factor fundamental que determinó la tremenda explosión e inflación durante la rápida formación del universo. Es decir, para cuando ocurrió el evento de la inmensa explosión Big Bang, ya habían transcurrido millones de años. ¡Consecuentemente, la singularidad y el Big Bang no son los orígenes del Universo!

La elevada temperatura funde, quema, infla, evapora todo hasta convertirlo en calor. No podría existir ninguna materia tangible más que la energía cinética de los fotones; al no haber materia no hubo cenizas. Por otra parte, bajo extrema alta temperatura y violenta vibración, gluon no podría existir, no podría funcionar aglutinando partículas subatómicas, unir neutrón con protón y permitir la adhesión del núcleo con el electrón. Los átomos y la materia no se formarían. Es por eso que la etapa inicial del universo, el universo fue saturado por fotones ultra energéticos; luego se convirtió en un globo de fuego, constituido exclusivamente por calor, radiación de fotones, energía cinética. La energía cinética llegó a su máximo, el recién nacido universo era una esfera cerrada, densa y extremadamente caliente.

Debido a la violenta expansión, el universo se infló, esparciendo la energía térmica, enfriándose paulatinamente. Sin embargo, el recién nacido universo seguía siendo un globo incandescente. ¿A dónde se fue semejante elevado calor? ¿Y cómo pudo el calor transmitirse en medio de la inexistencia de partículas? O sea, cómo pudo transmitirse el calor si no existía materia ni en forma líquida, ni sólida, ni gaseosa, ni plasmática a través de la cual pudiera difundirse.

Existen tres formas por las cuales la energía térmica puede transmitirse:

I). Por medio de la conducción, en la cual las partículas del medio vibran transfiriendo el calor a través del objeto de partícula a partícula. Por ejemplo en un sistema cerrado de calefacción, en un calentador de agua de un edificio, el agua es calentada en un extremo de un sistema de tubería, en el horno del sótano. El calor se transmite hasta el último piso del edificio y vuelve hasta el horno sin que corriera el agua. En aquel periodo de la formación del universo, no existía ningún tipo de conductor material, por lo que no podría ser por medio de conducción.

II). Por medio de convección, donde la energía térmica es transferida por movimiento del material, donde se revuelve el líquido o el gas. Por ejemplo las ondas frías de aire, corren del polo norte hacia al sur, llegando hasta las zonas subtropicales por diferencia de temperatura. Es el intercambio de la corriente de aire fría que transmite las ondas gélidas. Por la misma razón, en aquella época, no existía ninguna sustancia en estado líquido ni gaseoso, no podría ser por convección.

III). *La tercera posibilidad es por medio de la radiación. En el vacío, la energía térmica se transfiere por sí sola, no requiere sustancia o corriente de sustancia. La energía se transmite de un lugar a otro lugar del espacio a través de la oscilación del campo electromagnético. ¡La teoría de Photogénesis afirma que esto fue justamente lo que sucedió! El campo electromagnético de los fotones transportó la energía y es la única forma posible en que el calor pudo transmitirse a todo lo largo y ancho del recién nacido universo. La persistente radiación de microondas cósmicas, reliquia del fondo del cuerpo negro del antiguo universo, o sea la persistencia de*

radiación de la esfera de fuego del recién nacido universo
que persiste hasta la fecha confirma esta observación.

Conforme se iba inflando y expandiendo el universo, se iba
enfriando. *La disminución de la temperatura y el aumento del espacio,*
determinó la extensión de la longitud de onda de los fotones, lo que
implica la disminución de sus frecuencias, pero aumento del tamaño
del campo electromagnético.

El calor y la presión es el factor determinante en cualquier etapa
de la evolución, transformación de la energía o de la formación del
universo. Como es sabido, en la etapa inicial del universo, cuando era
extremadamente caliente, solamente la energía cinética existía. Fuera
de la esfera caliente no existía presión, por lo que el universo se pudo
expandir libremente. El universo tiende a ser más frio porque en cualquier
transformación de energía pierde calor y porque la densidad de energía
disminuye. Por otra parte, el enfriamiento gradual es debido a que en
cualquier cuerpo negro aparece la entropía.

Hasta la fecha, el espacio vacío es el mejor medio de insolación.
Porque no existe flujo material, no hay transmisor del calor. La permanente
temperatura de 2.725 K en toda la extensión del vacío del universo,
durante todo el tiempo es por la presencia de la radiación de microondas
cósmicas. La razón por la cual la temperatura del universo es isotrópica,
es porque el calor de las estrellas, supernovas, galaxias, agujeros negros
y sus explosiones quedan aislados dentro de la esfera de energía de cada
cuerpo celestial.

El vacío es pésimo transmisor del calor, por lo que la temperatura
del Sol queda aislada dentro de la heliosfera. Su temperatura nunca se
escapa por conducción o convección al vacío del espacio interestelar. Pero
curiosamente tampoco por radiación porque las radiaciones solares topan
con las radiaciones interestelares y galácticas, impedidas reflejándose
en el heliopause y se quedan dentro de la energiasfera del sistema solar.
A la vez, las radiaciones se devuelven continuamente al núcleo del Sol
reciclándose.

La extremadamente alta temperatura dentro de los núcleos de los
cuerpos celestiales, fue el factor fundamental para permitir las reacciones
químicas y termonucleares colisionándose las partículas subatómicas para

formar átomos, compuestos, masa y cuerpos celestiales en el recién nacido universo. En acorde con la expansión y el descenso de la temperatura, la transformación de la energía cinética a energía potencial, el universo fue habitándose por la materia.

La alta temperatura sigue surgiendo en cada explosión, en cada núcleo de las galaxias y en cada cuerpo celestial, sobre todo en las supernovas. Gracias al calor surgen las reacciones nucleares y químicas determinando la composición de la materia, formándose los elementos pesados como hierro, uranio diamantes y sus compuestos. El calor del núcleo aglutina la materia formándose los cuerpos celestiales.

Conforme se va expandiendo el universo, la materia se forma continuamente a partir de la energía de los fotogénes. El universo no cesa de expandirse y no queda vacío el centro, gracias a la transformación de la energía cinética a energía potencial.

Calor es energía cinética; la radiación de microondas cósmicas es energía cinética. Si la frecuencia de la energía ha disminuido desde la formación del universo, es lógico que la temperatura también haya estado cambiando disminuyendo, la cual bajó hasta 3K. Como se ha señalado, en el vacío la temperatura quedó isótropa porque el calor de las estrellas, galaxias, supernovas y hoyos negros se encuentra aislado por el vacío.

La temperatura es isotrópica en todas direcciones; es decir, es isotrópica en los 360 grados esféricamente y las radiaciones de microondas cósmicas se encuentran distribuidas en forma homogénea a grande escalas. Los fotones de dicha radiación son radiados directamente hacia delante desde el centro donde ocurrió la formación y el evento de la explosión. Eso se debe a que los fotones fueron emitidos por la misma esfera de fuego, la cual tenía la misma temperatura inicial; implica también, la gigantesca labor de la Energía Original que revuelve las radiaciones rotando el universo.

El extremo calor fue el factor que contribuyó en la colisión y conglomeración, ya que produce intensa vibración de las particular subatómicas, facilitando la reacción termonuclear y formación de toda clase de elementos químicos que forman los cuerpos celestiales. Los elementos de alto peso molecular fueron formados en época más calientes y en las explosiones subsecuentes.

La alta temperatura hace que la distribución de la materia sea accidentada, por eso en una explosión donde existe extrema alta temperatura, los fragmentos materiales son disparados en diferentes tamaños y a diferente velocidad. En los núcleos de las estrellas, galaxias u hoyos negros, donde se lleva a cabo la reacción termonuclear, la temperatura sigue siendo muy elevada.

Actualmente las continuas explosiones de extra energéticos rayos gama en los estallidos de las supernovas, estallidos de los agujeros negros y galaxias viejas no solamente contribuyen en la devolución de la energía al universo sino también al mantenimiento de la temperatura. La temperatura de los fotones emitidos desde esas fuentes se mantiene invariable a través del vacío mientras no encuentren un medio que interfiera.

La temperatura también fue el factor fundamental en la formación y mantenimiento de vida en la Tierra. La Tierra se encuentra en la zona confortable del sistema solar y de la galaxia. La Tierra posee una adecuada temperatura para el desarrollo de la vida. La variación entre el día y la noche solo cambia unos pocos grados a diferencia de otros planetas o lunas que varían cientos de grados. Incluso en nuestra Luna la temperatura diurna y nocturna son muy extremas que no permitiría el desarrollo de la vida.

Cabe señalar que las fuerzas que producen los cambios climatológicos y de temperatura de la tierra son multifactoriales. Principalmente se debe al origen de la fuente de la energía proveniente del Sol. Secundariamente se debe a la rotación de la Tierra ambos hacen variar la temperatura. Las radiaciones cósmicas e interestelares también influyen en la temperatura terrestre, el entorno, plantas y seres al ir perdiendo electrones y fotones conforme van penetrando a diferentes medios.

Se ha creído que los metales pesados son formados solamente en los estallidos de las supernovas. Sin embargo, de acuerdo con la TEO, la formación de los metales pesados dependió más bien de la temperatura extremadamente elevada, durante el inicio de la formación del universo. Posterior a la Nucleogénesis, se inició la Nucleosíntesis en los núcleos de las estrellas y galaxias. Durante ese periodo los núcleos de las estrellas y las galaxias continúan calientes, permitiendo la formación de los elementos pesados que se precipitaron conglomerándose en los nucleones de dichos cuerpos celestiales.

Las supernovas se forman en el estadio final de los cuerpos celestiales envejecidos sometidos al proceso de reciclaje por los agujeros negros y en el cambio de fase surge la supernova. Solamente un escaso uno por ciento de las estrellas o galaxias muertas se convierte en supernovas. La formación de los metales pesados en las supernovas es secundaria y son dispersados y captados en capas más superficiales de los cuerpos celestiales, así como en el vacío. Por lo tanto, la principal fuente de formación de metales pesados ha sido en el núcleo de las estrellas y galaxias; entre más elevado sea el calor, lo que equivale, entre mayor cantidad de energía posee, más metales pesados como acero, hierro, diamante, uranio se forman en el corazón de los cuerpos celestiales.

MATERIA

La materia es una expresión comprimida, físicamente tangible de la energía.

El universo comenzó como una congelada extremadamente enérgica formación de Energía Original que se convirtió en una incandescente esfera de fotones. Dentro de la esfera no existía materia sino solamente radiaciones del calor constituida por fotones y electrones. Inmensurable cantidad de electrones fueron liberados al desplegarse las extremadamente compactas ondas de fotones durante cientos de miles quizás millones de años.

La transformación de la congelada Formación de Energía Original convertida en una incandescente esfera de fuego de fotones, marca el inicio de la formación del universo.

Al extenderse violentamente la longitud de onda los Fotones Originales, se creó una fuerza expansiva, inflándose el globo del recién nacido universo. Fuera de la esfera no existía presión ni temperatura sino solamente vacío. El universo se expandió y se infló libremente sin resistencia. Se tomaron millones de años para que las compactas, densas ondas de los fotogénes y fotones se fragmentaran y se extendieran. Por medio de la Fotogénesis extensiva, los fotogénes producían pares de fotones repetitivamente, el universo se saturó de fotones, distribuidos homogéneamente. Al extenderse la longitud de onda de los fotones disminuía la frecuencia, ocupaban mayor extensión del espacio, por lo que disminuía la temperatura.

Esta fue la fase de inflación y descenso del calor del universo.

La esfera de fuego dejó abundantes fotogénes que son rayos gama extra energéticos. Ellos liberaban electrones y positrones, produciendo reacciones termonucleares. Después de una serie de explosiones, la esfera de fuego se convirtió en millones de billones de pequeñas esferas de fuego, diseminándose anisotrópica y heterogéneamente. Las esferas de fuego se convirtieron en los núcleos embrionarios de las estrellas y galaxias.

Esta fue la fase de Nucleogénesis.

La alteración del calor y de la homogeneidad acondicionó a que la energía cinética comenzara a transformarse en energía potencial formándose las partículas subatómicas.

Los fotogénes libraban electrones transformándose los núcleos en plasma. Electrones y positrones produjeron reacciones termonucleares elevándose extremadamente la presión y el calor. El plasma fue esparciéndose desde el núcleo hacia afuera y comenzó a enfriarse, dando lugar a la combinación de quarks con leptones.

Las partículas subatómicas se colisionaban, saturando el universo de quarks, gluones, además de los electrones y otras partículas elementales. Desde entonces y hasta ahora, es en los núcleos de las galaxias donde se realiza la Nucleosíntesis por medio de fusión o fisión, formando los núcleos de los átomos.

El cambio del estado de ionización, permitió la atracción entre el protón de carga positiva y el electrón de caga negativa. La materia comenzó a formarse a partir de la partícula más elemental, irónicamente el sin peso, sin masa fotón.

Esta fue la fase de la formación de las partículas y átomos del microcosmos.

Dentro de los núcleos embrionarios de las estrellas y galaxias, el plasma de los fotogenes seguía produciendo electrones y positrones los cuales provocaban reacciones termonucleares, elevándose la temperatura extremadamente. Los elementos químicos ligeros se formaron sometiéndose al proceso de fusión, convirtiéndose en elementos más pesados. Bajo la rotación centrípeta del núcleo de la Energía Original los elementos pesados fueron concentrándose alrededor del nucleón y eje de la Energía Original; mientras que los elementos químicos más ligeros fueron esparcidos hacia afuera por la fuerza centrífuga de la rotación, formando las capas masivas, líquidas y gaseosas exteriores; las capas ligeras gaseosas formaban las capas de la atmósfera de los cuerpos celestiales.

La formación inicial de la materia baryónica desde fotones a partículas subatómicas, a átomos, compuestos, masas acondiciono la formación del macrocosmos de planetas lunas, asteroides, sistemas solares, meteoritos, galaxias, clústeres de galaxias hasta la formación entera del universo material.

Esta constituye la fase de Nucleosíntesis.

La materia es energía espacio-tiempo potencial; es objeto tangible, puede ser medida porque ocupa espacio y posee dimensiones: alto, largo, ancho, radio y tiempo. Para mantener una estructura funcional se consume energía. Por lo tanto, una vez formada, la materia que posee energía potencial decae consumiéndose, transformándose progresivamente a energía tiempo cinética. Su volumen disminuye, incluso desaparece convirtiéndose totalmente en energía cinética.

Existen tres formas en la que la materia que posee energía potencial se transforma en energía cinética:

1). Degradación radioactiva donde un átomo emite espontáneamente una partícula que se transforma en otro átomo y libera energía en forma de fotones. Este fenómeno sucede en los elementos radioactivos como el uranio;

2). por medio de fisión nuclear donde un átomo masivo se convierte en dos pequeños átomos, liberando energía que son fotones;

3). Por medio de fusión nuclear donde dos partículas más pequeñas se fusionan formando una más grande y liberan energía que son fotones.

Todo esto sucede continuamente durante billones de años en el núcleo de las estrellas y galaxias. Los fotones son irradiados a una distancia de millones de años luz formando la energiaesfera.

Esta alternancia entre la energía cinética y energía potencial es la verdadera fuerza de la transformación y demuestra que la masa en realidad está constituida por fotones y campo electromagnético.

La velocidad de la luz es constante en el vacío, pero es inversamente proporcional a la densidad de la materia. Por la misma razón, la materia no viaja con la velocidad de la luz como se ha afirmado.

Esta constituye la fase termonuclear

Nuestro sistema solar se formó a partir de la Energía Original giratoria dentro del núcleo de la Milky Way Galaxy. Dicha fría energía se transformó en ondas de fotones, electrones y positrones. Entran en reacción termonuclear elevándose extremo calor formando las partículas subatómicas las cuales al colisionarse liberaron electrones generando el plasma primordial.

Parte de ese plasma sufrió una diferenciación, el cual se convirtió en un núcleo rojo vivo, independiente, con anillos de masas que giraban a su alrededor. El núcleo se convirtió en el Sol. Subsecuentemente, la masa de los anillos seguía colisionándose mezclándose y reaccionando con el movimiento giratorio.

El calor y la presión son determinantes en la formación de los átomos y compuestos, así como en la composición de los cuerpos celestiales. Al ir saliendo y esparciendo desde el núcleo de las estrellas, o de la galaxia iban enfriándose. Las masas se aglutinaron, se compactaron, se solidificaron a los grupos de masas que poseían mayor cantidad de energía original y plasma primordial, transformándose los anillos en planetas.

El resto de las masas que no pudieron compactarse con los planetas, fueron atraídas por medio de la fuerza intrínseca que poseían los planetas; siguieron girando, formando anillos alrededor de los planetas. Al colisionarse, surgieron reacciones termonucleares, adquiriendo mayor presión y calor. Al ir enfriando, se aglutinaron y se compactaron formando las lunas alrededor de los planetas. Las masas restantes, al no sufrir reacciones, al no tener una masa predominante dentro de ese anillo, al no tener suficiente energía, presión ni calor, siguieron girando como anillos de asteroides alrededor de algún planeta. Otras formaron zonas de meteoritos y cometas.

La Luna terrestre no fue una excepción. Eso significa que nuestra Luna se formó después que se formó la Tierra, con el anillo de masa que giraba alrededor de la Tierra. Colisionando, calentándose la masa del anillo se conglomeró y se compactó formando la Luna.

A través de estas fases: Fotogénesis, Nucleogénesis Nucleosíntesis y termonuclear, los fotones y electrones transformados se hacían cada vez más y más débiles; los positrones correspondiendo a la misma transformación se hacían también cada vez más débiles; la antimateria que se formaba también se fue haciendo cada vez más débil. Aunado a la fuerza y presión de expansión e inflación que ejercía hacia afuera, la materia superó a la antimateria; el electrón predominó sobre el positrón. Esta es la razón por la cual el universo pudo formarse expandiéndose en contra de cualquier fuerza contractiva de introversión, que sería la fuerza gravitacional y no colapsarse.

Debido a que los cuerpos celestiales consumen su energía, la energía potencial de la materia tiende a decaer convirtiéndose en energía cinética. Todos los cuerpos celestiales envejecidos, agotados de Energía Original, se desintegran reciclándose por medio de los hoyos negros, convirtiéndose en energía cinética de fotones.

Esta constituye la fase de Nucleolísis, reciclaje de la materia.

Los nuevos fotones ultra enérgicos al liberan grandes cantidades de electrones lo cual equivale a calor, aumenta extrema temperatura. En el cambio de fase la explosión pudiera ocurrir y el hoyo negro se convierte en supernova. Nuevos elementos químicos ligeros, pesados vuelven a aparecer y la energía se reintegra al universo, inclusive pueden formarse nuevos cuerpos celestiales.

Durante largo periodo, los cuerpos celestiales, la materia, el espaciotiempo y a la energía entran en una ordenada homogénea, e isotrópica armonía. El universo se mantiene en un estado aparentemente estable.

Esta constituye la fase Estática, el Estado Estático que se creía que permanecía siempre el universo.

A pesar de que la Energía Original continuamente forma la materia, la materia solamente constituye el 4.7% del contenido del universo, esto se bebe a que:

El núcleo formado por neutrón y protón del átomo es extremadamente pequeño, el electrón que gira a su alrededor es aún más pequeño. La materia quizás constituya el 4% de todo el volumen del átomo. Lo que hace que el átomo aparente ser grande es la energiasfera. Por lo tanto, a nivel micro cósmico, la energía es el principal ingrediente.

La materia constituye el 4.7% de todo el volumen del universo, el resto del contenido es energía, energía electromagnética que mantiene en interacción todo lo existente del universo. Esta pequeña cantidad de materia ha sido suficiente para que el universo se encuentre en un estado homogéneo e isotrópico. Lo que implica que el universo está formado primordialmente por energía, energía de los fotones.

La teoría de la Energía Original establece que la energía de los fotogénes seguirá transformándose en materia la cual es la fuerza que mantiene todos los cuerpos celestiales del universo atraídos. Al mismo tiempo, la Energía Original sigue formando fotones, cuya longitud de onda seguirá extendiéndose. Esa es la fuerza que causa la continua expansión del universo. Los hoyos negros seguirán reciclando los cuerpo celestiales envejecidos, convirtiéndolos en energía. Este es el proceso que mantiene el universo equilibrado, estable conservando la energía.

Consecuentemente, la Energía Original por medio de los fotogénes continuamente forma la materia la cual es la fuerza que mantiene los cuerpos celestiales atraídos con sus cargas eléctricas y magnéticas, sin que se desintegre el universo por la dispersión y expansión. Eso pone en evidencia que el universo no está conglomerado por la presencia de la dudosa supuesta Materia Negra para mantener todos los cuerpos materiales celestiales atraídos para conservar la integridad. Por otra parte, por medio de la extensión de la longitud de onda, como ha sucedido desde el principio de la formación del universo hasta ahora, la Energía Original hace que el universo se expanda continuamente; factor que determina que la expansión del universo no es causada por la dudosa supuesta Energía Negra.

La TEO afirma que la energía negra y la materia negra son estados transitorios de la EO.

ENERGIAESFERA
ESPACIOTIEMPO

En el comienzo del universo, el espacio y el tiempo eran virtuales, inherentes dentro de la formación energética de los Fotones Originales los cuales contenían energía cinética y energía potencial en forma indiferenciada, latente, almacenada a la máxima intensidad. La longitud de onda era extremadamente compacta. Los fotones se encontraban inmóviles, inactivos, con un reducido campo electromagnético. Por lo tanto, no había manifestación del espaciotiempo.

Parte de la Energía Original se diferenció en energía cinética, la longitud de onda comenzó a extenderse. Los fotones vibraron intensamente; el campo eléctrico y el campo magnético se pusieron perpendiculares, formándose así el campo electromagnético.

Al liberarse, los fotones volaron a mayor velocidad de la luz, expandiendo y extendiéndose violentamente, formando la red estructural del universo. El universo se convirtió en un globo de fuego de fotones ultra energéticos, formándose la Energiaesfera Original donde se incluía el espaciotiempo.

El tiempo era inherente a la energía cinética la cual era y es movimiento, rotación, evolución y transición. Una vez que ocurrió la explosión, el fuego de la energía cinética se desenrolló, se extendió, llenando completamente el recién nacido universo de fotones.

No existía materia todavía sino hasta que se estableció la Nucleogénesis y Nucleosíntesis. La energía cinética comenzó a transformarse en energía tiempo potencial donde el espacio es inherente. La energía potencial se fue haciendo más y más fuerte mientras que la energía tiempo cinética se iba debilitando. Entra el proceso de Nucleosíntesis, el espacio material se fue formando. La energía potencial posee volumen, peso y dimensiones, estructurándose a través de los transformadores fotogénes. La volumétrica, baryónica materia se formó poseyendo dimensiones: largo, ancho, alto, radio y tiempo.

Por lo tanto, el espacio puede ser ocupado por energía potencial con la materia o por energía cinética con radiaciones de fotones. En el helado vacío comenzó a formarse las galaxias embrionarias, entre tejidas en la red estructural de la fría Energía Original de las radiaciones.

Podemos afirmar que la materia-espacio-tiempo deriva de la energía potencial; la energía potencial deriva de la transformación de la energía cinética y ambas constituyen el campo electromagnético del universo. ¡Esto significa que la materia y su volumétrico espacio-tiempo están constituidos por los ingredientes eléctricos y magnéticos, los cuales son fotones! Es por eso que la energía y la materia son intercambiables, porque ambas son eléctrico, magnético, volumen y tiempo, ambas pueden ser cuantificadas por medio del fotón, ambas están constituidos por fotones.

La energiasfera proviene de la EO del núcleo de cada objeto, de cada cuerpo celestial, formada por fotones ultra energéticos. El espaciotiempo forma parte de la energiaesfera por fuera de los cuerpos celestiales. Por lo que el espaciotiempo es periódico, dependiente de la energía, la energía que hace posible girar, rotar, evolucionar, mover, cambiar, gravitar, transformar y decaer.

Tiempo es el período de acción, progresión, terminación y reciclaje. El tiempo comprende el proceso de gestación, nacimiento, evolución, desarrollo, maduración, muerte y reciclaje, fenómeno que ocurre en los seres vivos también. Este proceso ocurre en la materia de las estrellas desde el punto de vista macro cósmico. Cuando la energía se esfuma, el tiempo se acaba, la materia desvanece, las cuatro dimensiones, el volumen, el espacio se colapsan. Toda la materia se convierte en energía contenida dentro de la energiaesfera. El espacio-tiempo que ocupaba la materia pierde el significado.

La energiaesfera es inherente a todas las actividades y a todos los eventos: térmico, químico, físico, eléctrico, mecánico, magnético y biológico, tal como lo implica la energía cinética y energía potencial.

La energiaesfera rota por medio del eje y hace girar a todos los objetos celestiales contenidos dentro de sus límites. Los objetos rotan, giran en un determinado espacio y durante un específico, limitado periodo de tiempo. Los objetos cambian, evolucionan, se mueven, decaen constantemente, tienen su momentum bajo la constante transformación. Por lo tanto, los cuerpos celestiales dependen de los cambios, desarrollo y movimiento de la energiaesfera, poseyendo órbitas específicas.

Por medio de la Fotogénesis descendente, se forman los fotones, electrones y partículas subatómicas; estos forman átomos y *todo tipo de elementos químicos constituyendo la parte material del cuerpo celestial. Dentro del núcleo, los elementos químicos entran en reacciones termonucleares formando la corriente de radiaciones saliente de fotones electrones y partículas subatómicas constituyendo atmosferas y la energiasfera.*

Las radiaciones salen del cuerpo material forman la energiasfera externa, llegan hasta los límites de la energiasfera, la mayoría son topadas y reflejadas por las radiaciones interestelares o intergalácticas y se devuelven, siendo reabsorbidas por el núcleo.

Fotones y electrones entran al proceso de Fotogénesis ascendente; son reabsorbidos y reciclados por el núcleo de las estrellas o de la galaxia. De este modo, los fotones, electrones, partículas subatómicas, masas son formadas recicladas y reusadas continuamente miles de millones de años por los núcleos, "agujeros negros", tiempo que viven las estrellas y las galaxias.

El autor ya había señalado que los "agujeros negros" constituyen el sistema de reciclaje del universo, en su libro "ECOS DE REFLEXIONES", publicado en 2005 en donde sugirió hacer distinción entre agujero productivo y agujero de reciclaje no productivo.

La TEO afirma que cualquier cuerpo celestial posee energiasfera emanada desde el núcleo. La masa y la energiasfera forman una unidad inseparable tal como cuerpo y alma. La Tierra posee su geoenergiasfera; el Sol posee la heliosfera; las estrellas poseen astrosferas, la galaxia posee su energiasfera, todos los cuerpos celestiales la poseen formando la estructura globular del universo.

Esto implica que la fuerza gravitacional no solamente depende de la cantidad de materia como afirmó Newton. Tampoco solamente depende de la distorsión del espacio tiempo como afirmó Einstein.

La teoría de la Energía Original afirma que la masa del cuerpo celestial y su energiasfera forman una unidad giratoria inseparable. Por lo tanto, la fuerza gravitacional depende de ambos.

Entonces la energiasfera consta de:

i). *el eje rotatorio de OE y el núcleo formado por fotones ultra y extra energéticos;*

ii). *La parte masiva del cuerpo celestial donde surgen reacciones termonucleares continuamente entre electrones y positrones o fisión o fusión entre los elementos;*

iii). *La extensa zona de radiaciones formada de fotones, electrones y partículas subatómicas que atraviesa toda la estructura visible; se extienden centenares de veces el diámetro del propio cuerpo celestial formando el espacio tiempo, siendo la parte más importante.*

El eje gira haciendo al cuerpo masivo y la energiasfera interna girar simultáneamente, pero una vez que las radiaciones hayan sido expedidas del núcleo y del cuerpo, los fotones de la energiasfera entra a diferente medio y su velocidad es diferente haciendo que el espacio tiempo se distorsione. Este fenómeno no debe ser interpretado como que el cuerpo celestial hunde el espacio tiempo, lo distorsiona, haciendo que el cuerpo gire por la inclinación del espacio tiempo curvo. Recordemos que los fotones y electrones poseen su propia energía intrínseca.

La duración de cada unidad de energiaesfera depende de la cantidad de Energía Original que contenga cada cuerpo celestial, por lo que el espacio tiempo depende de la energía. La energía de los fotones y electrones giran, saliendo y regresando continuamente al núcleo, formándose y reciclándose.

Los cuerpos celestiales masivos aparentan estar suspendidos en el vacío sin nada que los sostengan, porque en realidad se encuentran en el centro de la energiaesfera. De esta forma, la energiasfera forma la estructura globular, básica del universo; cada planeta forma una energiasfera con sus lunas; cada sistema solar está formado por globos de energiaesferas de los planetas; cada galaxia está constituida por billones de globos de estrellas de sistemas solares y así sucesivamente.

Si consideráramos la transformación cíclica de cada energiaesfera, las energiaesferas podrían expandirse, dilatarse al formarse la galaxia y sus estrellas; ir contrayéndose al ir consumiendo la energía. Mientras unas nacen otras mueren formando la transformación cíclica. Pero debido a la conservación de la energía dirigida por la EO, no alteran el equilibrio y homogeneidad del universo. Por otra parte, debemos ser conscientes que el espacio-tiempo de nuestro universo es finito. Pero fuera de nuestro universo, el espacio es infinito e incontables universos pudieran existir.

La Tierra, la Luna, el sistema solar y todo el mundo material tienen un límite relativo de energía, ocupan un espacio limitado, por un tiempo limitado. Pero como todos están girando, todos están en constante cambio y movimiento, ese espacio y ese tiempo lo ocupan solo instantáneamente. Por otra parte, al ir expandiendo el universo, cada cuerpo celestial se va alejando de su posición original, invalidando ese límite. Por lo tanto, todo es relativamente e infinitamente ilimitado.

Según la Teoría de la Energía Original, el espacio-tiempo siempre es curvo, está formado por la red estructural de la EO, la cual es curva. El universo mismo y todos los objetos dentro del universo poseen EO intrínseca que hace girar, rotar, produciendo la esfericidad. Cada energiaesfera posee su propio radio. Dependiendo de la cantidad de energía que posee cada cuerpo celestial, posee una específica orbita. Por lo tanto, la energiaesfera que comprende el espacio-tiempo es orbita, la cual determina localidad, posición, curvatura, radio.

Desde el núcleo de la estrella o de la galaxia la Energía Original emana fotones en forma radial que llegan decenas o centenas de veces mayor que el diámetro del cuerpo celestial masivo, formando la energiasfera interna y externa. Cada energiasfera confronta a otras energiaesferas de otros cuerpos celestiales formando los límites y fronteras entre ellos.

Los límites son formados por las energiaesferas. Los cuerpos celestiales en realidad están en contactos por medio de sus energiaesferas, no por medio del vacío absoluto. Esta formación globular hace posible que los cuerpos celestiales se "sostengan" en el vacío.

De este modo los cuerpos celestiales conviven en estrecho contacto y concordia vecindad, formando un universo globular. Cuando existe un desequilibrio entre la masa y la energiaesfera, dos cuerpos celestiales pueden coexistir formando binarios o colisionarse incluso fagocitarse uno al otro.

La heliosfera del Sol se encuentra rodeada por las energiaesferas de las estrellas que se encuentran englobadas por la energiasfera de Milky Way galaxy. Las radiaciones interestelares, cósmicas determinan el entorno de la heliosfera. La heliosfera controla el flujo de los rayos solares que se salen de la esfera intercambiándose por los rayos interestelares cósmicos que llegan *hasta dentro del sistema solar. Los rayos cósmicos pueden tener un profundo efecto en la Tierra sobre las altas capas atmosféricas, sobre el clima, sobre la capa de nubes, en la frecuencia de relámpagos, enlas reacciones químicas de las partículas y sus mutaciones. Pueden llegar a los organismos de las profundidades de la Tierra y del mar.*

La TEO afirma que la mayor parte de los rayos solares son reabsorbidos por el núcleo del sol y son reusados continuamente.

FUERZA
DE
GRAVEDAD

Newton publicó "Principia" en 1687, estableciendo las tres monumentales leyes físicas, confirmando que la fuerza de gravedad es directamente proporcional al producto de las masas de dos cuerpos e inversamente proporcional a la distancia entre los centros geográficos que los separa. Newton consideró que la fuerza gravitacional reside en un punto del centro geográfico como vector y dos cuerpos celestiales se atraen entre sí por medio de la fuerza de gravedad, como si estuvieran atados por algo invisible.

Newton consideró que el espacio y el tiempo son entidades independientes y proporcionó con exactitud los cálculos sin tomar en consideración el espaciotiempo, ni la localización de las masas. No estableció cálculos de interacción en presencia de más de dos o múltiples cuerpos celestiales u objetos.

Galileo Galilei demostró que la fuerza gravitacional acelera todos los objetos con la misma intensidad en el siglo dieciséis y diecisiete; demostró que es la resistencia del aire que provoca la diferencia de velocidad entre la caída de los objetos. Una pluma de ave y una esfera de hierro caen al mismo tiempo a la Tierra, desde la misma altura en el vacío.

A partir de los tiempos de Newton, la fuerza gravitacional ha sido considerada como una fuerza atractiva hacia el punto central geométrico de la materia entre los cuerpos celestiales, a nivel macro cósmico. Esta fuerza gravitatoria domina en todo el universo. Sin embargo nosotros seguimos atraídos por la Tierra y la gravedad del Sol no nos ha succionado.

Como ha sido señalado antes, cada evento, cada observación, cada conclusión, cada causa efecto ha sido atribuido a la fuerza de gravedad por el Modelo Cosmológico, a pesar de que no se sabe exactamente qué es el gravitón; cómo se atraen los cuerpos celestiales; el gravitón no ha sido descubierto. La fuerza de gravedad ha sido la fuerza dominante desde el inicio, piedra angular de la astronomía científica moderna, el pilar del Modelo Cosmológico.

Se argumenta que la fuerza de gravedad es la responsable de los movimientos giratorios de los cuerpos celestiales del universo: las lunas alrededor de los planetas, los planetas alrededor del sol, las estrellas alrededor del núcleo de la galaxia, la galaxia alrededor del conjunto de galaxias y el clúster alrededor del superclúster. Incluso es la causante del fenómeno de convección, de las mareas del océano. Dando entender, que por el simple hecho que se atraen se hacen girar.

Contrariamente, según la teoría General de la Relatividad, Einstein considera, que los cuerpos celestiales giran debido a que los cuerpos celestiales distorsionan hundiendo el espacio tiempo; el espacio responde curvando su textura en presencia del peso de la masa. La masa toma el trayecto donde existe menor resistencia, por eso gira el cuerpo celestial menos pesado alrededor del mayor peso. Por lo tanto, la fuerza gravitacional es inercia. El tiempo se atrasa y la fuerza de gravedad Newtoniana es inexistente, viene siendo una ilusión. Einstein afirmó que curvatura es gravedad.

Si reflexionáramos y analizáramos la afirmación de Einstein, que el peso del cuerpo celestial sería *la causa* que el espaciotiempo se hundiera, se distorsionara; mientras que la distorsión del espacio tiempo vendría siendo *el efecto*. El efecto surge por la causa, más no la causa surge del efecto. Por lo que no es convincente la afirmación de Einstein.

Por otra parte, la teoría del Modelo Cosmológico considera que la carga positiva se anula con la carga negativa, la interacción electromagnética no tiene un alcance astronómico sino local, a nivel micro cósmico. Las interacciones débil y fuerte actúan solo entre las partículas subatómicas, a nivel micro cósmico. Razón por la que estas tres últimas sí forman parte de la Mecánica Quántica mientras que la interacción gravitatoria no.

La mayoría de las teorías consideran que la fuerza gravitatoria tiene un alcance ilimitado; las fuerzas gravitacionales se agregan y la masa puede convertirse en energía. Es por eso que se ha creído que la fuerza gravitacional es la fuerza dominante y es la que rige todo lo existente del universo.

Teóricamente la fuerza de gravedad siempre ha sido considerada como una fuerza atractiva infinita. Eso está más que demostrado que no podría ser verdad, ya que provocaría coalición entre los cuerpos celestiales. La singularidad tendría lugar inmediatamente después de la formación del universo. La fuerza de gravedad debería ser finita, ya que es inversamente proporcional al cuadrado de la distancia que separan dos cuerpos. Al inicio del universo no existía, cuando tardíamente apareció era muy débil que no superaría a la fuerza de expansión e inflación; su intensidad debería ir debilitándose hasta desaparecer, desintegrándose el universo. En presencia de varias estructuras celestiales es peor, las fuerzas gravitatorias se anulan entre sí.

Sabemos que cada planeta y sus lunas, cada galaxia y sus sistemas solares tienen una órbita constante específica, perfectamente circular o elipsoidal. ¿Cómo justamente en esa trayectoria es donde se dobla el espacio, donde existe menor resistencia? Si en el espacio existieran muchos hundimientos, causados por la presencia de tantas masas, los doblamientos se reflejarían en las alteraciones y deformidades de las órbitas, en la textura que sostiene los cuerpos celestiales. ¿Cómo estaría de accidentada la estructura espacial en nuestro sistema solar? Doblamiento no necesariamente significa rotación elipsoidal orbitaria, por donde se produce el movimiento giratorio. Por lo tanto, ni el mecanismo Newtoniano, ni la teoría General de la Relatividad, ni el Modelo Cosmológico son convincentes en la explicación de la interacción gravitacional.

Usando giroscopios La NASA ha demostrado que la materia hunde con su peso la textura espacial causando distorsión del espacio tiempo. El axis giratorio del giroscopio sigue el hundimiento y la distorsión de la textura espacio tiempo, confirmando que la teoría de gravedad de Einstein es correcta. También se confirmó la distorsión por el arrastre al rotar la Tierra.

La teoría de la Energía Original considera que la masa del cuerpo y la energiasfera forman una inseparable unidad globular. Cualquier objeto o luz de alguna estrella que incide y entra a la energiasfera sufre deflexión cambiando su trayectoria. Por lo que llega a la conclusión que el eje del giroscopio sufrió deflexión.

Afortunadamente la NASA confirmó que el eje giratorio del giroscopio presentó deflexión, también el eje giratorio del marco sufrió deflexión. ¿Será que la TEO es correcta?

GRAVITÓN
Y
GRAVEDAD

La teoría de fotogénesis o de la Energía Original ha establecido que los fotogénes, fotones y electrones son los elementos primogénitos más fundamentales que aparecieron en el universo. Son los constituyentes de todo lo existente del universo. La teoría de la fotogénesis postula que la fuerza gravitacional no sería la excepción: resulta de la combinación e interacción entre fotones y electrones.

El inicio del universo se caracterizó por la única existencia de Fotones Originales ultra y extra energéticos; desde entonces los fotones han estado generando y conjugándose con los electrones para transferir la energía, para transformar la energía cinética en energía potencial. Esto implica que la fuerza electromagnética ha sido la fuerza predominante desde el inicio. Hasta que finalizó la época dominante de los fotogénes y fotones en la esfera de fuego; hasta que el universo se expandió y se enfrió de nuevo, se formaron las partículas subatómicas. Los quark y gluones formaron los nucleones y de allí se formaron los protones y neutrones. Al disminuir la temperatura aún más adecuada, se combinaron los electrones con los núcleos de protones y neutrones. Fue hasta entonces cuando la débil fuerza gravitacional se diferenció de la fuerza electromagnética.

Conforme se iban formando los átomos, compuestos y masa, se iba fortaleciendo la interacción gravitacional. Por lo que la fuerza gravitacional deriva de la fuerza electromagnética constituida por fotones que van liberando electrones y juntos van formando partículas subatómicas.

Lo más evidente de que la fuerza gravitacional está constituida por la combinación de fotón con electrones es en el nucleón de las estrellas, el cual está formado por la Energía Original.

Por medio del proceso Fotongénesis, los fotogénes generan fotones y estos liberan electrones; luego los fotones y electrones se generan entre sí en forma alternante. Electrones y positrones entran en reacción termonuclear elevando la temperatura. Se forman las partículas subatómicas y estas forman protones y neutrones constituyendo el núcleo de los átomos. El núcleo del átomo se ata con los electrones formando los elementos ligeros. La temperatura continúa elevándose por la liberación de electrones y la reacción termonuclear. A partir de los elementos ligeros se van formando todos los elementos químicos, hasta llegar a la formación de los elementos pesados como acero, diamante, uranio.

Los elementos pesados se aglutinan alrededor del eje y nucleón constituida por la Energía Original de la estrella formando el núcleo de carga positiva.

Los elementos ligeros como hidrógeno, helio hasta carbón entran al proceso de fusión termonuclear produciendo cadenas de pares de fotones menos energéticos y estos a la vez producen pares de electrones. Los fotones como electrones son polarizados; un polo se conecta al punto positivo central de la Energía Original del cuerpo celestial; el otro polo constituye una formación en cadena de fotones y electrones emanados desde el núcleo en forma radial, constituyendo la atracción negativa.

Por otra parte, los elementos pesados decaen o entran al proceso de fisión radiando fotones y electrones.

De esta manera se lleva a cabo la transformación desde energía cinética a energía potencial y luego el proceso se revierte convirtiéndose la energía potencial en energía cinética dentro del núcleo de la estrella. Cadenas de fotones y electrones son proyectados hacia el espacio constituyendo la fuerza de gravedad que es una asociación de fotones y par de electrones. Procesos que se repiten continuamente. Es por eso que los fotones y electrones dilatan billones de años dentro del núcleo de las estrellas o galaxias hasta que forman suficiente presión expulsiva hacia fuera.

Esta es la fuerza negativa de atracción que parte desde el centro del núcleo en forma radial de las masas, estrellas, galaxias o cualquier cuerpo celestial formando la energiaesfera, donde se incluye el espaciotiempo.

Por lo tanto, en realidad, la fuerza gravitacional está hecha de fotones-electrones, hecha de carga eléctrica y magnética. ¿Podríamos asignar el nombre de fotogravitón al mensajero fotón-dielectrón, cuanta de la gravedad y fotogravedad a la fuerza gravitacional?

La teoría de la Energía Original o Fotogénesis establece que el universo derivó directamente de la energía, no de la masa. Consecuentemente no había partículas subatómicas, átomos, sino fotones y electrones; mucho menos posible la presencia de molécula, masa; aún menos posible de estrellas, galaxias durante la etapa inicial del universo. La fuerza gravitacional derivó del tronco común que era exclusivamente la fuerza electromagnética, los gravitones se formaron a partir de la generación alterna entre fotón y electrón adquiriendo masa.

De acuerdo con la ley universal Newtoniana la fuerza gravitacional depende exclusivamente de las masas entre dos objetos; mientras que la teoría General de la Relatividad de Einstein considera que la fuerza de gravedad derivada de la masa es una ilusión. La fuerza gravitacional resulta de la curvatura del espaciotiempo el cual se hunde ante la presencia del peso de la masa.

Es sabido que el protón de carga positiva pudo combinarse con electrón de carga negativa para formar átomo debido a sus opuestas cargas eléctricas, cuya acción sucede en todos los elementos ionizados para formar moléculas, compuestos químicos o masa; aun la formación de los cuerpos celestiales dependen de la fuerza de atracción eléctrica magnética. Por lo tanto, la formación
de átomo, masa, y cuerpos celestiales no dependen de la aglutinación causada por la fuerza gravitacional desconocida del Modelo Cosmológico.

La teoría de la Photogénesis establece que cualquier materia, desde el átomo, estrellas galaxias hasta súper conglomeración de galaxias poseen energiasfera formando una unidad inseparable. La masa es energía potencial constituida por ingredientes eléctricos y magnéticos que son partículas con cargas. Mientras que la energiasfera es energía cinética formada por radiaciones emanadas desde el núcleo del cuerpo celestial, ambas, energía potencial y energía cinética forman el campo negativo, atractivo que forma la verdadera fuerza gravitacional.

El espaciotiempo es parte del campo de energía o sea de la energiasfera. De ninguna manera, masa por sí sola o espaciotiempo por sí solo, individualmente puede actuar como la fuerza de gravedad, la cual directamente actúa como vector que atrae cualquier objeto que esté a su alcance.

Consecuentemente, la fuerza de gravedad es una fuerza eléctrica, magnética, constituida por fotones que comprenden la energía potencial y energía cinética combinados con los electrones.

FOTOGRAVITÓN
Y
FOTOGRAVEDAD

La masa deriva de la energía, es energía espacio tiempo potencial. La energía la forman los fotones y electrones. Por lo tanto, la masa está constituida por los dos componentes fundamentales eléctrico y magnético del campo electromagnético. Su quanta sería el gravitón. ¿Podríamos nombrarlo como fotogravitón en nuestra teoría de Photogénesis?

La fuerza de gravedad es una fuerza de campo atractivo que actúa a distancia. Su vector se apunta al centro geográfico de cada cuerpo celestial u objeto. Razón por la cual no se ha podido encontrar rastros de la partícula de su mensajero el gravitón que se dirija de afuera hacia adentro, hacia el núcleo de los objetos en cuestión. Tampoco se ha encontrado el gravitón de los objetos que se dirija desde adentro hacia a fuera, a pesar de que su presencia por siglos se le ha buscado.

El núcleo de cualquier cuerpo celestial contiene Energía Original que forma el eje de una estrella, como el del Sol. El eje es una barra eléctrica estacionaria que genera un campo eléctrico, el cual electrifica todo lo existente dentro de dicho campo. El eje rota continuamente induciendo la formación de la potencia magnética la cual magnetiza todo lo existente dentro del sistema solar. Ambos forman el campo electromagnético solar.

El núcleo del Sol o de cualquier estrella posee extremadamente alta temperatura y presión. En el exacto punto central geográfico de la estrella contiene Energía Original la cual genera fotogenes, los fotogenes generan par de fotones y los fotones generan pares de electrones. Mientras el núcleo posee Energía Original fotones y electrones se generan entre sí sucesivamente.

Los fotones y electrones son polarizados y alinean un polo hacia al punto central geográfico de la estrella, núcleo formado de Energía Original y de elementos pesados,. A partir de allí van formando una cadena unidireccional radial de fotón-dielectrones, fotón-dielectrones de carga negativa.

Esta formación polarizada negativa radial de fotones y electrones forman el campo eléctrico el cual coincide con el campo gravitatorio y obedece también a la ley inversa de la distancia al cuadrado. Por lo tanto, en realidad la fuerza gravitacional está hecha por la alternancia de ondas de fotones y electrones la cual forma la fuerza atractiva negativa.

La generación de fotones derivados de los ultra y extra energéticos fotones desde el núcleo de la estrella, es por medio de la interacción con los electrones. La cadena de fotón-dielectrón constituye una presión electromagnética saliente. Es por eso que nosotros solamente detectamos fotones y electrones emitidos desde los núcleos de las estrellas o galaxias más no el mensajero gravitón de la fuerza gravitacional. ¡Lo que pone en evidencia que la presión de carga negativa de fotón-electrón es la verdadera fuerza de atracción entre los cuerpos celestiales; es la verdadera fuerza gravitacional!

¿Podríamos asignar el nombre de fuerza fotogravitacional a la fuerza gravitatoria, *mientras al mensajero como fotogravitón?*

Todos los electrones del universo giran sin cesar, todo el tiempo y para siempre con un índice fijo y constante por la Energía Original que contienen. Este no es un estado transicional sino una propiedad intrínseca, tal como la es la carga negativa que posee el electrón. Por otra parte el fotón es neutro, absorbe o libera energía a través de su inseparable asociado electrón.

Se ha demostrado que todas las partículas materiales poseen una rotación igual a aquella del electrón. Esto significa que todas las partículas materiales poseen una rotación de -1/2; mientras que las que no son portadoras gravitatorias como el fotón, el débil gauge bosón o el gluon todos ellos poseen una característica giratoria de -1. El hipotético gravitón debería poseer una característica rotatoria de -2. Por lo tanto, el fotogravitón formado por la combinación de un fotón con un par de electrones ha de poseer una característica giratoria de -2. Por ende, el fotón genera un par de electrones para formar una unidad giratoria negativa de -1, -1/2, -1/2 que equivale a -2.

El fotón genera un par de electrones, los electrones generan pares de fotones; después los fotones generan pares de electrones sucesivamente. De este modo un cuerpo celestial puede formar cadenas radiales tan largas como sea posible, según la energía que contenga el núcleo y la intensidad de interacción que tenga con otros cuerpos celestiales. Los fotogravitones obedecen la ley inversa de la distancia porque la misma cantidad de fotogravitones necesitan interaccionarse para atraerse entre sí. Estas cadenas fotogravitacionales no solamente existen entre dos cuerpos celestiales, sino existen entre múltiples cuerpos celestiales.

La fuerza atractiva fotogravitacional llega más allá donde llegan los planetas, lunas, asteroides o meteoritos, más allá de todos los objetos y cuerpos celestiales del sistema solar. Sin embargo, el campo electromagnético llega aún más lejos; las ondas electromagnéticas confrontan las ondas de las radiaciones interestelares y galácticas formando el heliopause, algunas incluso se salen de la barrera frontal.

Debido a que el Sol es una potente carga eléctrica, su campo eléctrico llega mucho más allá que los objetos materiales, al formar unidades de materia-espacio-materia-espacio entre planetas y sus lunas, donde todos los objetos materiales se cargan y se alinean con el campo eléctrico del Sol. Como el campo eléctrico y el magnético se inducen mutuamente, el Sol magnetiza y alinea a todos los objetos materiales magnéticamente. Todos ellos poseen cargas opuestas por lo que son atraídos por los fotogravitones del Sol.

Contrariamente, porque los planetas no son más fuertes que el Sol, no se electrifican o magnetizan mutuamente sino solamente a sus lunas y objetos menores como asteroides; no se alinean entre sí, solamente con el Sol. Eso implica que el campo eléctrico y magnético del Sol forma un ángulo perpendicular que atraen a todos los objetos materiales dentro del sistema solar. Contrariamente, los planetas y otros objetos poseen cargas eléctricas similares y polos semejantes, por lo que son repulsivos entre ellos hasta llegar a un equilibrio.

El mismo fenómeno ocurre dentro de los planetas. La menor cantidad de Energía Original que poseen los planetas electrifica y magnetiza todo y atrae todo con las cadenas radiales atractivas de los fotogravitones solo dentro del área de influencia planetario. La fuerza gravitacional de la Tierra llega más allá de la exosfera englobando a la Luna.

Esto demuestra que la Fuerza fotogravitacional (gravedad) de la Tierra o de cualquier objeto material son fuerzas intrínsecas constituidas por los fotogravitones, pero se limitan dentro de su área de influencia, limitada por la cantidad de Energía Original que contiene.

En realidad, como ya ha sido señalado materia-espacio es formado por el cuerpo celestial y la energiaesfera, energía emanada desde el núcleo, formando el campo electromagnético que constituye enlace y límite entre los cuerpos celestiales y todo el espacio que los separa. Eso demuestra que no es el hundimiento del espacio-tiempo la fuerza que hace rotar las lunas alrededor de los planetas y los planetas alrededor del Sol o el Sol alrededor del núcleo de la galaxia.

Es casi absurdo pensar que si ponemos un objeto suficientemente pesado sobre un trampolín y después ocho pequeñas esferas en la periferia y esperar que las esferas adquieran movimiento giratorio y orbitar alrededor de la pelota pesada, solo porque se dobló o se hundió el trampolín. Si fuese así, el trampolín debería de tener movimientos o sacudidas en áreas individuales para hacer girar cada esfera, lo cual simplemente no corresponde a la realidad.

Consecuentemente, en el caso del sistema Solar, es la conjugación de totas las fuerzas intrínsecas fotogravitacionales principalmente del Sol y secundariamente de todos los planetas que constituyen una unidad interior funcional y una barrera defensiva hacia el exterior que constituyen el sistema orbitario giratorio.

Las ondas gravitacionales son ondas mecánicas; ellas se forman por la rotación y desplazamiento de los cuerpos celestiales a través de la maya estructural, la cual es la red estructural electromagnética. Es el cuerpo celestial el que gira y se mueve produciendo movimientos similares a ondas en la maya. Es decir, no es el hundimiento del espacio tiempo que produce las ondas. Es por eso que no se encuentra el gravitón o algún mensajero. Su velocidad obedece a la ley inversa al cuadrado de la distancia porque el movimiento es de los cuerpos celestiales. El movimiento giratorio de cualquier cuerpo celestial produce ondas en la maya estructural por la presencia de partículas en el medio, tal como el avión produce ondas arrastre en el aire.

La Energía Original le dio origen a las cuatro fuerzas que existen en el universo: la fuerza electro débil y fuerza fuerte se formaron cuando las partículas subatómicas y el átomo se formaron, actuando a nivel del microcosmos. Mientras que la fuerza gravitacional surgió cuando la masa y los cuerpos celestiales aparecieron actuando en el macrocosmos. Pero todas actúan bajo la coordinación de la red estructural electromagnética del universo. Por lo tanto, son los fotones y los electrones que le dieron origen a la fuerza gravitacional.

La localización y distribución entre los cuerpos celestiales son reguladas por la Energía Original, cada uno se conecta y se limita por medio de la energiasfera. Lo que implica que la energiaesfera es la fuerza eléctrica y magnética real que conecta y limita a los cuerpos celestiales: todos los planetas son conectados y limitados por sus energiaesfera; todas las estrellas están conectadas y limitadas por las energiaesfera; todas las galaxias se conectan y se limitan por medio de sus energiaesfera y así sucesivamente. Es por eso que el universo es tan ordenado, tan lógico que todos los cuerpos celestiales aparentan estar "suspendidos" en el vacío, gracias a la interacción de los fotogravitones dentro de los globos de energiaesfera.

ROTACION
Y
ESFERICIDAD

La Energía Original *es una energía rotatoria, ocupa el núcleo y el eje central de cualquier estructura de energía o de masa, incluso del propio universo; forma la red estructural que le da forma y tamaño a cada sistema estelar, así como al propio universo.*

Por medio de Fotogénesis la Energía Original emana fotones ultra energéticos los cuales liberan electrones y positrones desde el núcleo formando plasma. Electrones y positrones entran en reacción termonuclear generando extrema calor y presión. Comienza el proceso de Nucleosíntesis formando masa. Desde el núcleo se sigue emanando fotones y electrones los cuales llegan cientos de veces fuera de la formación masiva formando la unidad de energiasfera.

Entonces la energiasfera consta de: el eje y núcleo rotatorio formados por la Energía Original, la masa del cuerpo celestial y la zona de energía proveniente del núcleo que llega cientos de veces del diámetro del cuerpo y se extiende fuera de toda estructura existente.

Se limita entre otras energiasferas en una zona neutral. Este fenómeno sucede en menor grado en los seres vivos.

El eje magnético es bipolar de polos opuestos. La rotación del eje magnético genera la formación de la potencia eléctrica; la potencia eléctrica induce la formación de la magnética. Ambos ejes son equivalentes y se encuentran perpendiculares. Ellos forman un campo electromagnético esférico tridimensional de todos los cuerpos celestiales.

Durante el periodo de la formación, bajo alta presión y extrema temperatura, el universo era una esfera de fuego de fotones. Desde donde todo lo que existe en el universo se originó en forma radial y circular. Consecuentemente, toda materia y energía tuvieron el mismo origen que fue la Energiasfera Original Universal, distribuyéndose homogéneamente. Cualquier formación posee un eje eléctrico, un eje magnético y un campo electromagnético que constituyen la energiasfera.

El fotón tal como el electrón siempre giran con una energía intrínseca que es la Energía Original, ellos son los constituyentes más básicos de todo *lo existente del universo, razón por la cual todo gira.*

A nivel del átomo, el pequeño núcleo *formado por protón y neutrón gira en su propio eje. El electrón o los electrones giran alrededor del núcleo formando una nube de energía de diferentes niveles. Dicha estructura es esférica. Es decir, las interacciones fuerte o débil son esféricas. La fuerza electromagnética donde la eléctrica es perpendicular a la magnética, es esférica; con mayor razón, la interacción gravitacional atractiva en forma radial "hacia el centro del* núcleo*", debería ser esférica.*

La corteza de la Tierra es masiva pero el manto y el núcleo externo son líquidos, debido a que la rotación genera una aceleración centrípeta, hace que la Tierra sea casi elipsoidal. Pero combinado con la atmósfera y la energiasfera del campo electromagnético y fotogravitacional forman una geoesféra.

Todos los cuerpos celestiales adoptan la forma esférica o elipsoidal causada por la acción rotatoria de la Energía Original. La Energía Original, rota, mezcla, comprime la masa y la energía durante la nucleosíntesis. Esa es la forma como determina la composición, densidad, aspecto, homogeneidad y esfericidad, incluyendo la isotropía de la temperatura. Es por eso que el radio debería ser considerado como la quinta dimensión de la materia tal como las otras cuatro dimensiones: longitud, anchura, altura y tiempo.

En todos los casos, la acción giratoria intervino determinando la forma esférica de los cuerpos celestiales. Bajo el movimiento giratorio, las partículas subatómicas y átomos no solamente se mezclan, lo más importante es que se colisionan, dando lugar a reacciones químicas, térmicas, fisión y fusión nuclear entre ellos. Estas provocan aún más altas temperaturas y presiones librando electrones, formando el plasma. Al final se van enfriando, protones y electrones se adhieren, produciendo aglutinaciones, es cuando se forman elementos de mayor peso molecular, compuestos y masas, conglomerándose en forma esférica, por eso los cuerpos celestiales son esféricos.

La esfericidad se refleja también en la forma del espacio y del tiempo. Tanto el espacio como el tiempo de cada cuerpo celestial son curvos. Cada cuerpo celestial tiene su zona y límite de influencia que los circunscriben pero se rige a la vez bajo la esfericidad de cada sistema estelar, de cada galaxia o de todo el universo. Es decir, la Luna tiene un cuerpo material esférico, un espacio a su alrededor esférico y un tiempo específico esférico. La Tierra tiene un cuerpo material esférico, un espacio atmosférico esférico, una zona espacial esférica y un tiempo esférico. Las tres esferas están atraídas por la fuerza de fotogravedad y todas ellas a la vez están regidas por la Energía Original del núcleo y eje giratorio de la Tierra.

Casi todos los cuerpos celestiales poseen, masa, atmosfera y aura de energía. En la teoría de Fotogénesis se le ha bautizado a toda esta unidad con el nombre de energiasfera. Dicha energía emanada desde el núcleo es cinética formando los campos fotogravitacional y electromagnético. Dentro de la esfera contiene primordialmente radiación de fotones y electrones.

En el caso de nuestro sistema solar y la Tierra, el hidrogeno, el helio y otras partículas subatómicas que contiene el viento solar son muy escasas. Consecuentemente, la fuerza gravitacional que poseen es insignificante. La fuerza real que engloba todo el sistema solar es la energiaesféra de fotones y electrones emanada desde el núcleo que viene siendo una fuerza electromagnética. Es por eso que la fuerza de gravedad en realidad viene siendo una manifestación de la Energía Original.

La esfericidad se refleja en la forma esférica del espacio y del tiempo. El tiempo diurno y nocturno de la Tierra varía a causa de la inclinación del eje terrestre conforme va orbitando alrededor del Sol. Pero un día consiste de veinticuatro horas, no importa donde se localice usted. Ya sea en el ecuador o en el Polo Norte de cualquier forma son veinticuatro horas para completar un día. Aunque el círculo de trescientos sesenta grados alrededor de la Tierra que recorre en el Polo Norte es varias veces menor que el círculo que recorre si estuviera en el ecuador. Este hecho se debe a que el radio que parte desde el centro geográfico de la Tierra a la superficie es casi equivalente en forma radial. Por la misma razón la fuerza fotogravitacional es casi equivalente en los 360° en forma radial tanto al ecuador como al polo norte. Por consiguiente, las energiaesferas y el espacio-tiempo son esféricos en los trescientos sesenta grados.

Desde la fase de Nucleogénesis, la Energía Original forma el eje rotatorio que gira. Por medio de la Fotogénesis los fotogenes van extendiendo la longitud de onda formando la maya estructural esférica de cada cuerpo celestial. A la vez forma el núcleo y el cuerpo masivo. Cada energiaesféra conserva las radiaciones dentro del globo, dando una forma globulosa al universo.

La esfericidad es dada secundariamente por el efecto gravitacional de la fuerza gravitatoria de cada uno o cada grupo de cuerpos celestiales. ¡La fuerza gravitacional tiende a contraer la materia en los trescientos sesenta grados pero no la hace rotar! Tradicionalmente se decía que era la fuerza gravitacional la que hacía rotar a los cuerpos celestiales, a la Tierra, la causante de las mareas del mar, causante de que los ríos corrieran. En realidad es efecto de la rotación del eje de la Energía Original. Esto significa que la fuerza gravitacional atrayente es tan solo un factor contribuyente, más no un factor determinante que hace que los cuerpos celestiales sean esféricos o elipsoidales.

Se dice que el átomo, la Tierra, el Sol, las estrellas, las galaxias, el universo no son esféricos, son aplanados. Pero sí son esféricos, por lo menos elipsoidales. Esa apreciación se debe a que la Energía O no ha sido tomada en consideración. La atmósfera y la energiasfera deben ser tomadas en consideración. Ellos rotan, y rotando el campo eléctrico y magnético tiende a ser esférico. La tierra es una esfera magnética; el Sol es una esfera magnética, la galaxia es una esfera magnética; por ende el universo es una esfera magnética. La fuerza magnética induce la formación de la fuerza eléctrica formando el campo electromagnético esférico.

Las supernovas de gran peso han evidenciado, demostrado que poseen una zona de energía más notoria con la apariencia vidriosa, que forman un enorme lente convexo alrededor de la formación de la súper estrella. En realidad esa zona de energía existe en todas las estrellas. La teoría de Photogénesis afirma que es la causante del efecto de deflexión en el fenómeno de lensing, el fenómeno de espejo.

Del mismo modo el Sol tiene un cuerpo material esférico, una corona plasmática esférica, un espacio interplanetario solar esférico que abarca más allá de Pluto, todo atraído por la fuerza fotogravitacional pero a la vez regida por la Energía Original situada en el núcleo y eje central del sol.

Las masas de las galaxias suelen aparentar diversos aspectos principalmente la forma elíptica y espiral. Sin embargo, los espacios oscuros galácticos son de energía, dándoles la forma esférica. La energiaesfera engloba, delimita cada galaxia en donde la energía cambia de sentido, circulando en sentido opuesto o presentando cargas eléctricas y polos magnéticos similares a la otra u otras galaxias. Los ejes electromagnéticos similares se neutralizan. Por lo tanto, la zona limítrofe entre los cuerpos celestiales es neutra, donde la fuerza gravitacional, la fuerza electromagnética de cada cuerpo celestial se interrumpe. Esta es la forma como se delimitan los cuerpos celestiales. Al suceder lo contrario se colisionan. Solo la red estructural de la Energía Original se extiende por todo el universo.

Siguiendo a la misma lógica obtenemos que el universo completo sea esférico radial, tal como sucedió desde la formación embrionaria y después de la gran explosión. No se puede concebir que la explosión se expanda orientándose solo a un determinado costado como un cono, puesto que nada impedía a que las radiaciones se esparcieran en forma radial. Nada impedía que el recién nacido universo fuese esférico radial. Como el universo es giratorio debe tener un núcleo y un eje de Energía Original, se va haciendo esférico.

La esfericidad es universal, la perfectamente esférica heliosfera es un ejemplo. Eso revela que el tamaño real del sistema solar es mucho más grande que llega más allá de Pluto, más allá de la formación material del sistema solar. Por la misma razón, Milky Way Galaxy es más grande que la distancia hasta donde llega la última estrella. Lógicamente, el universo observable no es el tamaño real del universo, es solamente el límite hasta donde somos capaces de observar. Nuestro universo llega más allá hasta donde llega la última estrella de la galaxia más vieja y lejana. Es más, la exosfera del universo podría ser muchas veces más grande que el universo observable.

Es por eso que las distancias entre cada estrella, cada galaxia son tan enorme, gracias a sus energiasferas.

Los planetas del sistema solar, se localizan extendiéndose en forma casi horizontal a la altura de la zona del ecuador del Sol. Las lunas de los planetas, se localizan en forma horizontal. Tienen la misma distribución los anillos de asteroides de los planetas gaseosos gigantes. Eso indica que la interacción gravitatoria entre dos o más estructuras celestiales se lleva a cabo más y es más fuerte en la zona del ecuador.

La fuerza eléctrica es perpendicular a la fuerza magnética. La Energía Original se encuentra en el núcleo, tiene un eje vertical, forma la fuerza electromagnética la cual hace girar a los cuerpos celestiales. Eso implica que la fuerza de atracción de fotones y electrones llega al máximo a nivel del ecuador.

FENOMENO
DE
ESPEJO
CURVATURA

Según la teoría de la Photogénesis, la Energía Original actúa como una fuerza giratoria intrínseca que sostiene, rige, regula y hace girar a las estructuras celestiales. Cada estructura posee su propia cantidad de Energía Original que afecta a la masa y al espacio que la rodea. Es decir, cada espaciotiempo que es parte de la energiasfera de cada estructura espacial, refleja su propia curvatura. Esa curvatura altera la luz u objetos que pasan por dicha energiasfera.

La curvatura del espaciotiempo es dada por la Energía Original de cada cuerpo celestial, concuerda con la curvatura geodésica de cada cuerpo celestial o sea con su radio. La luz estelar proveniente de una estrella lejana sufre deflexión al penetrar a la energiasfera del Sol. Esa desviación debería revelar la curva base del Sol, con que se pudiera calcular el radio y diámetro del sol. Es por eso que la Teoría de la Energía Original insiste que el radio podría ser la quinta demisión.

La teoría General de Relatividad de Einstein predijo que la masa por medio del campo de gravedad desviaría la luz proveniente de una estrella lejana o sea que la fuerza gravitacional atrae los sin masa sin peso fotones desviándolos. Esa predicción se dio por hecho al presentarse un fenómeno de eclipse solar al principio del siglo veinte. En dicho evento se pudo ver doble imagen de una estrella lejana al reflejarse su luz.

La fuerza gravitacional es una fuerza atractiva radial esféricamente en todo alrededor del Sol. La luz debería ser jalada hacia a la masa describiendo una curvatura cóncava hacia afuera si la fuerza de gravedad tuviera ese poder de atraer a los fotones, pero sucede lo contrario.

La teoría de la Energía Original considera que el efecto de espejo o lensing es acción de la energiasfera, la cual actúa como un lente convexo. Los fotones que inciden y atraviesan la heliosfera sufren una desviación refractaria curvándose hacia a dentro. Por eso vemos la imagen de la estrella antes de ver la estrella real. Este comportamiento confirma la existencia de una energiasfera u aura de energía alrededor del Sol; confirma la esfericidad del Sol; confirma que los sin peso ni carga eléctrica fotones provenientes de la luz de las estrellas lejanas, sufren una deflexión en vez de una atracción. La fuerza gravitacional no es la que atrae a los fotones hacia adentro, puesto que los fotones no poseen masa ni peso.

Cabe señalar que es la Energía Original del núcleo galáctico que hace girar a toda la galaxia; es la Energía Original del Sol o de cualquier estrella que hace girar a todos los planetas de un sistema solar; es la Energía Original de los planetas que hace girar las lunas o anillos de asteroides a sus alrededor.

Tomando en cuenta que todo gira: la Luna gira alrededor de la Tierra; la Tierra alrededor del Sol; las estrellas alrededor del núcleo de las galaxias, incluso el universo gira gracias a la Energía Original. La luz en realidad viaja en línea curva, no en línea recta. Entre más lejana proviene esa luz, menos notoria es su curvatura, puesto que el radio sería mayor. Por la misma razón, la inmensidad del universo hace que su curvatura sea moderada, dando la impresión de que el universo sea plano.

Si analizáramos un haz de luz solar proveniente del Sol, ese haz en realidad no llega en línea recta a la tierra sino en línea curva al ser disparado por el Sol giratorio. Tal como un cohete lanzado verticalmente desde la Tierra, dicho cohete no va en línea recta hacia al espacio sino en línea curva. Eso no es causado por la atracción de la fuerza gravitatoria de la Tierra, puesto que la fuerza de lanzamiento va venciendo a la fuerza de gravedad. La curva se debe a que la nave espacial, una vez que se libra de la fuerza de gravedad terrestre entra al campo de la fuerza giratoria universal, siempre describiendo una curva hasta que entre en órbita de algún otro cuerpo celestial cercano como la Luna o Marte, entonces adoptaría la curvatura de dicho cuerpo celestial. ¡Esta es la razón por la que todo viaja en línea curva!

Las partículas/ondas de los fotones del Sol son lanzadas a la Tierra describiendo una curvatura porque el Sol los lanza girando. Eso implica que los fotones que percibimos en nuestros ojos son provenientes de la superficie del Sol que estaba un poco ante y 8.3 minutos después llegaron a nuestros ojos. Esos fotones no eran los que estaban frente a frente en línea recta a la Tierra.

Si consideráramos un haz de luz proveniente de una estrella lejana, por la misma razón, sus fotones también viajarían en línea curva, siguiendo la línea giratoria de la Energía Original, red estructural del universo. Si se interpusiera el Sol de nuestro sistema solar, veríamos la imagen de la estrella a un lado cercano al sol, siendo que la estrella en realidad está lejos, detrás del sol.

La luz proveniente de una estrella lejana, son ondas de fotones. Lo que percibimos primero es la imagen reflejada por los fotones de la radiación solar; imagen virtual de la estrella que aún está oculta detrás del sol. En seguida, vemos la aparición real de la estrella por medio de los fotones que sufrieron una deflexión al atravesar la convexa energiasfera del Sol. Es por eso que vemos dos localidades diferentes de la misma estrella.

Si analizáramos los fotones que llegan rumbo a la Tierra, veríamos que: parte de los fotones que llegan directo a la Tierra son absorbidos por la Tierra; otra parte que no llega tan directo, no se alcanza absorber sino que atraviesan la energiasfera de la tierra siguiendo la curvatura de la Tierra, luego salen hacia al vacío; una tercera parte se pasa directo por fuera de la Tierra, fuera de la geoenergiasfera sin sufrir desviación.

De la misma manera, los fotones que llegan desde una estrella lejana, la parte que llega directo al Sol es absorbida; una segunda parte sufre deflexión conforme penetra a la zona de energiasfera solar y una tercera parte se pasa directo por fuera del aura esférica solar. Nosotros no vemos los fotones absorbidos por el sol, ni tampoco los fotones que se pasan totalmente por fuera del sistema solar, pero sí vemos los fotones provenientes de la estrella que pasan por fuera de la masa solar pero que inciden en la energiasfera del Sol, los cuales sufren una deflexión. Esos fotones son reflejados y no absorbidos por el sol. Es por eso que vemos dos estrellas en distintas posiciones siendo una sola estrella. Eso no debe ser interpretado como que el espacio-tiempo se pandea, se hunde y mucho menos pensar que es la fuerza atractiva gravitacional que atrae la luz, donde ni los sin peso sin carga fotones lograron escaparse.

Como la fuerza de gravedad atrae cualquier cuerpo que tenga masa, ha sido clásico que el fenómeno de espejo se le atribuya desviando el trayecto de los fotones, a pesar de que no poseen masa. Uno de los más espectaculares atributos de Einstein convirtiéndose en el científico más destacado de la astrofísica moderna. Einstein predijo la posible aparición de un anillo alrededor del Sol o de alguna galaxia, cuando a tras de ellos existiera una masiva luminosa galaxia, clúster de galaxia u hoyo negro que se alinea con el Sol y el observador.

La teoría de la Photogenesis afirma que ese anillo en realidad es la energiaesféra del Sol responsable de las imágenes virtuales, arcos, doble o múltiple imágenes o del aparente anillo. Es la evidencia de que cualquier cuerpo celestial posee dos partes: la parte masiva y la parte de energía emanada desde el núcleo. Es también la evidencia de la esfericidad. La energiasfera es puesta en evidencia al estar presente un cuerpo masivo luminoso detrás eclipsando al cuerpo masivo.

La energiasfera es energía cinética, la parte activa integrada por las cuatro fuerzas de interacción que son la fuerza fuerte, la fuerza nuclear débil, la fuerza gravitacional, siendo la más importante la fuerza electromagnética.

El fenómeno de espejo o de lensing no comprueba que la fuerza gravitacional jala a los sin masa sin carga fotones hacia a dentro. El anillo alrededor de cualquier cuerpo celestial, cualquier formación de energía, hoyo negro o supernova, comprueba la existencia de la energiasfera y la esfericidad de dichas formaciones. La existencia de esos fenómenos o del anillo es independiente, más no dependiente del observador. El tamaño de la energiaesfera o sea del anillo depende de la cantidad de energía que el cuerpo celestial posee.

Glare of the Sun Apollo 16 on the Moon Credit NASA

El autor afirma que el fenómeno de doble imágenes o de anillo alrededor de un cuerpo celestial como el Sol, es la evidencia de la energiasfera. Diferentes tipos de cámaras y telescopios como de luz, rayos X, ultravioleta, infrarroja, pueden obtener diferentes imágenes de la energiasfera del Sol, de galaxia u hoyo negro.

El estudio y conocimiento de la energiasfera pondría a la astrofísica y astronomía en el filo de todas las ciencias.

PRINCIPIO COSMOLÓGICO

El Principio Cosmológico es uno de los pilares de la teoría del Big Bang y del Modelo Cosmológico. El principio refiere que la materia observable del universo se extiende de una forma homogénea a grandes distancias, aunque se agrupen en sistemas solares, galaxias, clústeres, etc. en áreas de menores extensiones,

La distribución de las radiaciones cósmicas iniciales era isotrópica, llegando a un equilibrio térmico, debido a que bajo el aislamiento por el vacío no sufren alteraciones, conservando la mínima temperatura de 3K a todo lo largo de la extensión del universo.

El universo es homogéneo e isotrópico física y químicamente; son iguales los hidrógenos, helión, carbón y otras partículas. Por la misma razón las leyes físicas son válidas y aplicables en todo el universo. Mientras que la individualidad de cada cuerpo celestial no viola la generalidad.

Esta homogeneidad e isotropía es el principio cosmológico, el cual ha sido atribuido a la fuerza de gravedad por el Modelo Cosmológico. Es difícil de explicar y comprender física y matemáticamente, cómo un cuatro por ciento de la materia diseminada y en continuo alejamiento, causado por la expansión, pueda mantener semejante conglomeración homogénea e isotrópicamente durante billones de años. Siendo la intensidad de la fuerza de gravedad inversamente proporcional a la distancia. ¿Cómo puede mantener ese efecto en tan enorme extensión?

La teoría de la Energía Original afirma que la isotropía y homogeneidad o sea que el espacio del universo se vea semejante por dondequiera, a cualquier dirección, en cualquier momento y por cualquier observador, se debe a que:

1). Todos los cuerpos celestiales o formación material del universo derivaron y están constituidos por los mismos ingredientes que son los fotones termales que dejaron las radiaciones de microondas del fondo como vestigio desde el inicio;

2). El espacio y el tiempo se formó por la extensión de los ultra y extra energéticos fotones;

3). Todo, materia, energía, espacio partió del mismo sitio de emisión;

4). La acción de la Energía Original origina, rige, ordena toda existencia del universo.

Cualquier acción, evolución, transformación, como Fotogénesis, Nucleogénesis, Nucleosíntesis, Nucleolísis, Photonsíntesis reciclaje por los agujeros negros, hasta el Estado Estático transitorio son regidos por la Energía Original.

5). La Energía Original es la energía intrínseca que cada objeto celestial posee que hace girar desde un átomo hasta una galaxia. Es la fuerza que causa la rotación, produciendo la esfericidad masa-energía de cada cuerpo celestial. Esta no solamente es una fuerza mecánica que produce la ordenada distribución y espaciamiento. Sino que a través de los transformadores fotogénes, la energía se transforma en materia o la materia se transforma en energía según la demanda, manteniendo atraídos a los cuerpos celestiales

6). *La homogénea e isotrópica distribución es labor de la Energía Original; no de una distribución que surgió al azar espontáneamente, mantenida por la fuerza de gravedad. La fuera gravitacional solo puede causar heterogeneidad y anisotropía.*

7). *El equilibrio entre la formación, transformación, reciclaje de masa y energía. Mientras unos nacen otros desvanece, el* **índice** *de la* **transformación entre la energía cinética y la energía potencial** *siempre es el mismo.*

SISTEMA
GALÁTICO

Antes del comienzo de la formación del universo no existía materia, no existían cuerpos celestiales, no existían átomos.

En el inicio de la formación, no existía materia, no existían cuerpos celestiales, no existían ni siquiera átomos.

Durante la época caliente, densa de violenta vibración; no existía rastro de material arriba mencionada. Sino solamente fotones ultra energéticos extendiéndose, desdobándose.

Después de la gran explosión, el recién nacido universo se infló violentamente en concordancia con la extensión de las ondas de la red estructural de la Energía Original, de los fotogénes y del espectro de radiaciones. ¡El universo apareció encendido desde la oscuridad!

Durante millones de años el escenario fue dominado exclusivamente por el fuego de los fotogénes. Consecuentemente, ¿de dónde surgieron los átomos, las estrellas y las galaxias? Surgieron por medio de la transformación de la Energía Original en plasma de fotogénes de los núcleos embrionarios.

La teoría de la Energía Original establece que el plasma de la EO en un principio se distribuyó homogénea e isotrópicamente. Posterior a las repetitivas explosiones, el globo de fuego se esparció convirtiéndose en miles de millones de pequeños globos de fuego causando fluctuaciones de la temperatura y anisotropía de la densidad de las radiaciones. En dichos sitios se encontraban concentrados más los transformadores fotogenes, convirtiéndose en los núcleos embrionarios rotatorios. Esta fue la fase de Nucleogénesis.

Al ir inflándose y extendiéndose el espacio, el universo nuevamente se enfrió; los núcleos embrionarios iban formando fotones cada vez menos compactos de menor frecuencia. A partir de los fotones de baja frecuencia derivaron electrones y positrones. Surgieron reacciones termonucleares, elevándose de nuevo extrema alta temperatura aunque en menor grado que la etapa inicial del universo. La enorme cantidad de energía de fotogénes al liberar electrones, se convirtió en pesada plasma, constituyendo los núcleos de las galaxias. Las formaciones embrionarias fueron girando, dispersándose hacia afuera enfriándose paulatinamente de nuevo.

Hasta entonces es cuando se formaron las partículas subatómicas, protones y neutrones, núcleos de los átomos. Constituyendo la fase de Nucleosíntesis.

Al disminuir la temperatura, los protones y neutrones de los núcleos comenzaron a conjugarse con los electrones formando átomos. Los átomos ligeros entraron en fusión o fisión se fueron colisionando, aglutinando, formando elementos químicos desde ligeros hasta elementos pesados progresivamente, principalmente hierro, uranio. A partir de los átomos se formaron compuestos y moléculas, formándose las galaxias embrionarias.

Una vez establecida la galaxia rotatoria, elíptica con astas y espacios intersticiales, fueron formándose toda clase de sistemas solares por medio de Nucleogénesis y Nucleosíntesis.

En seguida estrellas y sistema solares aglutinaban mayor cantidad de masa del espacio interestelar y entre las hélices de la galaxia donde los fotogénes también residen en abundancia, hasta que los cuerpos celestiales maduraran.

Las galaxias pueden producir hasta billones de sistemas estelares mientras ellas se encuentran flotando en el mar de fotogénes amasando más y más materia, formando clústeres y supe clústeres. La colocación y la distancia entre ellos son dirigidas y reguladas por la red estructural electromagnética de la Energía Original.

La galaxia es la estructura fundamental, unidad básica, principal, centro de la actividad de energía y materia del universo. El axis de la galaxia es constituido por la Energía Original; el disco del núcleo está constituido por transformadores fotogenes. Este núcleo rotatorio de energía adapta la forma de un remolino. A través de la Nucleosíntesis, el núcleo realiza la formación de toda clase de materia y cuerpos celestiales.

Durante la etapa inicial existe un pequeño hoyo central de Energía Original pura. Conforme la energía de fotogénes se va consumiendo, el hoyo se va agrandando pero se van formando más objetos y estrellas. La galaxia espiral se desenrolla y se extiende. Esta es la época más productiva. Una vez que culmine su madurez, la galaxia se convierte en galaxia elíptica y forma menos cantidades de estrellas.

Dependiendo de la cantidad de energía que posee, el núcleo de la galaxia espiral productiva que en esta teoría se le ha llamado como "Hoyo Blanco" se va consumiendo. Conforme se agote la energía se va agrandando el agujero y la galaxia adopta la forma elíptica. Al consumirse toda la energía, la galaxia elíptica entera se convierte en Agujero Negro al final.

Nuestro sistema solar se formó a partir de la Energía Original y fotogénes plasmáticos dentro del núcleo de la Milky Way Galaxy. Parte de ese plasma sufrió una diferenciación convirtiéndose en un núcleo rojo caliente con anillos de masas alrededor.

El núcleo se convirtió en el Sol. Subsecuentemente, los átomos y moléculas colisionaron, formando masa. Girando alrededor del Sol como anillos. La masa se fue aglutinando a los núcleos que contenían mayor cantidad de Energía Original, plasma de fotogénes, agrupándose, convirtiéndose en planetas.

El resto de las masas que no pudieron aglutinarse con los planetas, formaron otros anillos. En seguida se conglomeraron alrededor de otros núcleos de plasma de fotogenes. Átomos y masas se colisionaban, elevando la temperatura conglomerándose formando las lunas. La Luna terrestre no es una excepción.

La Teoría de la Energía Original (TEO) establece que la galaxia se forma a partir del núcleo que posee Energía Original y fotogénes. Todas las estrellas, sistemas solares y toda clase de materia se forman a partir del núcleo y se diseminan hacia afuera a través de las hélices de la galaxia como cuerpos embrionarios. Estos cuerpos embrionarios siguen rotando y amasando mayor cantidad de masa hasta llegar a la madurez. Esto indica que los cuerpos celestiales se forman por contener una energía intrínseca en el núcleo de las galaxias, con fórmulas, códigos predestinados regidos por el núcleo. Más no se forman al azar conglomerándose a partir de polvo.

Si la galaxia se formara al azar por la agrupación del polvo, de átomos, luego de planetas, de estrellas para formar la galaxia por la acción de la fuerza de gravedad; es decir si las estrellas se forman por agrupación de planetas; los planetas formadas por agrupación de lunas y asteroides; asteroides por agrupación de polvo y átomos, etc. Todo al azar, de pequeño a grande gracias a la acción de la fuerza de gravedad. ¿Por qué el desplazamiento sincronizado de los constituyentes de adentro hacia afuera desde el núcleo? ¿Cuál sería el significado y propósito de la existencia del núcleo solitario donde todo gira a su alrededor? ¿Por qué la existencia de un agujero remolino con violenta fuerza centrífuga, extrema temperatura y presión en el centro?

En realidad el núcleo, las estrellas, toda la materia y espacio intersticial de la galaxia, incluso la energiaesfera son inseparables, pertenecientes a la unidad galáctica, regidos por códigos y prescripciones predestinadas de la Energía Original. Todos sus componentes son generados y dispersados desde el núcleo de la galaxia hacia afuera en forma codificada, organizada por medio de la Fotogénesis.

EXPANSIÓN

La teoría de la Energía Original establece que el universo se formó a partir de una formación fría de Fotones Originales ultra energéticos por medio de Fotogénesis. Al ir liberando electrones los fotones se multiplicaron, formando una esfera de fuego. Durante millones de años, dentro de la esfera de fuego, existía exclusivamente energía cinética con extrema alta temperatura y presión, bajo una absoluta ausencia de la materia. Fuera de dicha formación no existía ninguna resistencia, por lo que las extremadamente compactas, altamente enérgicas ondas se extendieron, se desenrollaron libremente. El recién nacido universo se infló y se expandió con una velocidad mayor que la velocidad actual de la luz. Múltiples explosiones surgieron, formando billones de billones de núcleos de energía giratorios. El recién nacido universo entró a la fase de Nucleogénesis.

La inflación y expansión de la estructura electromagnética, causó el descenso drástico de la temperatura y disminución de la presión. Los globos de fuego fueron convirtiéndose en los núcleos galácticos embrionarios, dando comienzo al proceso de Nucleosíntesis, apareciendo las partículas subatómicas. Los fotones siguieron librando electrones dotándoles de masa a las partículas subatómicas y estas formaron protones, neutrones, átomos, compuestos y masa, surgiendo la fuerza gravitacional. La formación de la masa y fuerza gravitacional trajo como consecuencia la disminución de la velocidad de la expansión. Pero la fuerza contractiva gravitacional era tan débil que no pudo colapsar el recién formado universo; no impidió la expansión ni la inflación. El universo continuó expandiéndose.

La velocidad de la luz era indirectamente proporcional a la densidad de la materia que se iba formando, hasta que se estabilizó.

La razón por la cual el universo sigue expandiéndose es porque los fotones de extrema alta frecuencia y compacta longitud de ondas aún existen y siguen extendiéndose. Por ende la energía electromagnética cinética sigue predominando sobre la energía potencial de la fuerza gravitacional. Solamente una pequeña cantidad de Energía Original se ha convertido en materia. La red estructural electromagnética del universo sigue extendiéndose y la familia de los cuerpos celestiales sigue aumentando. Bajo el predominio de la Energía Original no existe ningún indicio de que el universo cese de expandirse.

Durante más de quince mil millones de años, la longitud de onda de los fotones de la Energía Original se ha estado extendiendo, desenrollando, fragmentando hasta la fecha.

Debemos ser conscientes que el universo no se limita hasta la frontera material visible; la energiaesfera llega más allá donde llegan las estrellas y galaxias viejas. La dimensión del universo pudiera ser múltiples veces la extensión del actual visible universo material. Los fotogénes y fotones siguen viajando extendiéndose a través de la red de la Energía Original. El espacio es sin límite.

Las estrellas, las galaxias, los clústeres de galaxias y todo el universo material se encuentran sostenidos agrupados por los fotogénes que se convierte en energía potencial. Pero más importante es la energiaesfera, energía cinética que se extiende y limita estas formaciones materiales. Por otra parte, el sistema de reciclaje del universo por medio de los agujeros negros recicla todas las estrellas y galaxias viejas convirtiéndolas en energía. La energía de los fotones es compactada y reusada continuamente. Consecuentemente, mientras la energía cinética a través de la red estructural de la Energía Original expande el universo; la energía tiempo potencial de los fotogénes mantiene unidos a los cuerpos celestiales del universo. Al mismo tiempo los agujeros negros reciclan los cuerpos celestiales envejecidos, transformándolos en fotones comunes, luego en fotones ultra energéticos. Este proceso de formación, entropía y reciclaje de la materia mantiene el universo estable.

La teoría de la Energía Original sostiene que la fuerza de gravedad no es repulsiva, no es la causante del alejamiento entre las galaxias, por lo que no es la causante de la expansión del universo.

Hasta el día de hoy, la astrofísica y astronomía aún se basan en la fuerza de gravedad para entender y explicar todas las actividades y transformaciones del universo. Prevalece el predominio de la fuerza de gravedad en todos los ámbitos: en la formación del universo, en la estabilidad y el orden, en la expansión, en los agujeros negros, en el espacio tiempo, en la singularidad, en el destino del universo, hasta el fenómeno de lensing. Todo se atribuye a los misteriosos gravitones que hasta la fecha no se ha podido encontrar.

La fuerza gravitacional aparentemente mantiene la materia, los cuerpos celestiales del universo en un estado estático y una orden permanente. El estado estático del universo que concibieron Newton y otros pioneros de la física moderna incluso Einstein.

El estado estático debería seguir, si la fuerza gravitatoria fuese la que mantuviera la maya estructural del universo, si la teoría del Big Bang fuese verdadera. Una vez que toda la materia del único átomo primordial explotara; una vez que el único evento de explosión el Big Bang surgiera; una vez que se expandiera por la inflación, el universo se hubiera estabilizado. Ya no habría mayor cantidad de masa para formar más galaxias o cuerpos celestiales. Las viejas galaxias y estrellas morirán cayéndose en los agujeros negros formando extremadamente pesados minúsculos átomos por el proceso de singularidad como lo afirma el Modelo Cosmológico. El universo dejaría de expandirse, aun si parte de la materia se reciclara transformándose en energía. El universo se convertiría en un cementerio de viejos cuerpos celestiales convertidos en súper átomos causando colapsos por la singularidad.

Sin embargo, la singularidad de los cuerpos celestiales no sucedería debido a que la materia va perdiendo su peso conforme se va consumiendo, debilitándose, convirtiéndose en fotones, incluso desapareciéndose la fuerza de gravedad.

La teoría Estática Newtoniana aún sería vigente todavía, si el universo se formó a partir de un átomo primordial, por medio del Big Bang. Puesto que toda la materia ya ha sido utilizada, agotada durante la formación del universo. Y como para el Modelo Cosmológico no existe un sistema de reciclaje, puesto que los agujeros negros son otra manifestación de la singularidad donde la formación de átomos extremadamente densos no tiene retorno, no podría haber nueva formación de cuerpos celestiales. Consecuentemente, el universo se paralizaría o se desintegraría por la continua expansión.

La teoría estática Newtoniana es incorrecta si se aplicara a la teoría de la Energía Original, en donde la energía es inagotable, puede seguir transformándose en cuan cantidad de masa y cuerpos celestiales se requiriera. Esa es la razón por la que el universo sigue expandiéndose también. Para la teoría de la Photogénesis, los agujeros negros constituyen el sistema de reciclaje donde la energía potencial vuelve a convertirse en energía cinética. Es así como la energía cinética y la energía potencial se alterna cíclicamente. Gracias a la acción de la Energía Original, el universo nunca se quedaría en un estado estático.

El universo entero se mantiene en constante movimiento rotatorio y transformación, guardando una relativa relación entre sí en un espacio determinado, en un tiempo específico a expensas de la Energía Original, la cual es la fuerza que genera, rige, revuelve, infla, expande, recicla, reforma y mantiene una dinámica integridad funcional.

Eso es gracias a la dirección de la Energía Original que se encuentra en todas partes del universo, aún entre los espacios vacíos donde no existe la fuerza de gravedad.

La fuerza de gravedad no es la que expande el universo, puesto que se debilita progresivamente; su intensidad es inversamente proporcional al cuadrado de la distancia; los cuerpos celestiales se alejan entre sí conforme se va debilitando esa fuerza. Además el sentido contractivo de la fuerza gravitacional es opuesto a la expansión, cada fuerza de cada cuerpo o cada grupo celestial es concéntrica e independiente; cada quien tiene su territorio de influencia.

Por otra parte, la fuerza de gravedad depende del peso del cuerpo celestial en cuestión: mayor el peso, más fuerte la fuerza de atracción; menor el peso más débil la fuerza de atracción, lo cual haría que la expansión universal no fuese uniforme, causando desorden del tránsito espacial. Pero gracias a que la fuerza de gravedad es limitada y no ilimitada como afirman, no existen conflictos territoriales a grandes escalas.

Los electrones de órbitas más externas son más inestables que los electrones de órbitas internas. Las lunas de órbitas lejanas giran mucho más lentas que las lunas de órbitas cercanas. La fuerza de gravedad que el sol ejerce sobre los planetas distantes es más débil que la fuerza que ejerce sobre los planetas de órbitas cercanas. Los planetas cercanos al sol poseen menos lunas y son más sólidos.

Es más, la dirección de la fuerza centrípeta gravitacional de cada objeto del cielo es independiente, es hacia a sí misma, hacia al núcleo, opuesta a la expansión. Si una manzana o un satélite estuviera fuera de la órbita correcta, dentro del sistema solar, ella tendrían tres destinos: caer sobre la Tierra o la Luna terrestre; estrellarse contra algún planeta o sus lunas; o quemarse al precipitarse en el Sol. Pero ellos pueden escaparse del sistema solar y perderse en el espacio lejano. Eso demuestra que las fuerzas de gravedad son aisladas, con espacios vacíos neutros entre ellos.

La fuerza gravitacional tiende a ser igual a cero con la distancia, entre la Tierra y la Luna, entre planeta y planeta o entre galaxia y galaxia. Existen lugares donde la fuerza de gravedad es neutral o incluso ausente. En la exosfera de la Tierra existen órbitas que son la gloria de los satélites porque los satélites son suficientemente ligeros y están suficientemente alejados que no les afecta la fuerza de gravedad, haciéndolos estrellarse contra la Tierra. Lo que demuestra que la fuerza de gravedad es limitada, más no ilimitada.

En cambio, la Energía Original unificadora mantiene todo en equilibrio; funciona como un vehículo, llevando a los cuerpos celestiales a ocupar más espacio, haciendo la expansión del universo posible.

A partir de la Energía Original, el núcleo de la galaxia forma toda sustancia u objeto existente del espacio: desde el plasma primordial a sistemas solares, del centro hacia a la periferia. La galaxia en sí es una muestra de cómo se formó el universo. Demostrando además que no fue la agrupación de los sistemas solares los que hayan formado las galaxias. Las galaxias por sí mismas son las que forman los sistemas solares. Las nébulas también forman estrellas y sistemas solares tal como lo hacen las galaxias. Pero las nébulas y supernovas son formadas a partir de la desintegración de galaxias y estrellas muertas que fueron convertidas en energía, la cual se reorganiza dando lugar a nueva estrella o nueva galaxia. Lo que aparenta ser un caos, es en realidad un episodio de la constante transformación del universo, gracias a la Energía Original.

Friedman y Hubble en 1930's determinaron que todos y cada uno de los cuerpos celestiales se alejan de nosotros. ¿Seríamos el centro del universo? No somos ni siquiera el centro de nuestra galaxia, mucho menos del universo. Pero nuestro sistema solar nació del núcleo de nuestra galaxia y fue emigrando hacia a fuera. Cualquier galaxia productiva produce millones, hasta billones de estrellas y se van esparciendo hacia a la periferia. Muchas de ellas van delante de nosotros y otras vienen detrás. Las estrellas más antiguas van delante de nosotros y van más a prisa; las más jóvenes vienen detrás de nosotros y vienen más lentas. Es por eso que dan la sensación de que todas se alejan de nosotros. Eso se puede constatar con los coches en una autopista.

El mismo efecto sufre nuestra galaxia: las más antiguas viajan más rápido que nuestra galaxia; mientras que las más jóvenes viajan más lentas, dando la sensación que todas se nos alejan. Y todos viajamos alejándonos del centro de la Energía Original, de donde fuimos formados.

Por otra parte, el efecto giratorio centrífuga de la Milky Way Galaxy o de otras galaxias es más débil en la periferia lo que hace que las estrellas sean más veloces y tiendan a escaparse.

Sin embargo, en realidad no vamos tan lejos. Todo gira en forma elíptica, los cuerpos celestiales no se alejan en forma radial directo hacia afuera, sino en forma circular, lo que hace que las estrellas y las galaxias se mantengan en una distancia aparentemente permanente.

¿Qué hace que el universo se expanda entonces?

Si fuese la fuerza de gravedad, el universo se contraería en vez de expandirse. Incluso se colapsaría o por lo menos se detendría, entrando a un estado de equilibrio, el estado estático.

Si la fuerza de gravedad fuese la que causara la expansión del universo, el universo debería tener una pesada cápsula material por fuera en el límite que atrajera las galaxias. Pero el centro del universo con el tiempo quedaría vacío. Las galaxias se impactarían contra la pared, lo que sería menos probable. Además sería un proceso opuesto a la singularidad contraria a la teoría del Big Bang.

La fuerza electromagnética contribuye en la determinación geográfica de los cuerpos celestiales o sea estabiliza la posición de cada cuerpo al tener diferentes orientaciones los ejes electromagnéticos. Es decir, al no estar alineados no se atraen chocando, ni se rechazan. Además las cargas positivas se neutralizan con las cargas negativas, lo que hace mantener el equilibrio entre las estructuras celestiales. Por lo tanto, la interacción electromagnética no sería la que causara el colapso o la singularidad del universo.

Es predecible que más y más materia se formará a partir de la Energía Original. De este modo, más galaxias y estrellas se formarán. Mientras, otras morirán y se reciclarán convirtiéndose de nuevo en energía. El universo continuará expandiéndose y no se saturará hasta que llegue a su límite. El estado estático nunca sucederá, ya que el sistema regulador de reciclaje funciona bajo la ley de la conservación de energía. La formación de cuerpos celestiales y la expansión serán interminables, regida por la Energía Original.

La expansión del universo es debido a que e*n el inicio del universo una pequeña cantidad de Energía Original se extendió, se desenrolló y se transformó en espacio, materia y cuerpos celestiales. Mayor cantidad de Energía Original ha continuado transformándose en fotones menos energéticos de mayor longitud de onda. Consecuentemente, seguirá causando extensión y expansión de toda la estructura del universo.*

El universo se extendió y se desenrolló sin resistencia, con una velocidad mayor que la velocidad de la luz. Después de la formación de átomos y masa surgió la fuerza gravitacional haciendo que la velocidad de la expansión disminuyera. Pero la inmensidad del espacio permite a los fotones a extenderse y a ocupar mayor espacio, incluso la formación de otros universos en coexistencia.

La materia continuamente se transforma en energía por consumo y mantenimiento, agregándose a la energiaesfera, fenómeno que es muy evidente en las estrellas. Eso hace que el diámetro del cuerpo celestial incremente, haciendo que el universo se expanda.

La energía de las estrellas o galaxias o cualquier cuerpo celestial se va consumiendo, son recicladas por los agujeros negros, para formar energía y después convertirse en materia nuevamente. Esto no significa que el universo se expande y se contrae periódicamente. El proceso de reciclaje forma parte de la conservación de energía; contribuye a la estabilidad, isotropía y homogeneidad.

Einstein reconoció que la creación de la Constante Cósmica fue un error, pero actualmente ha sido revivido e insistido su papel como una fuerza repulsiva que mantiene al universo en expansión. Por otra parte, la teoría del Big Bang y el Modelo Cosmológico requiere la Constante Cósmica para determinar el destino del universo.

La teoría de la Fotogénesis afirma que la expansión del universo no depende de tal fuerza repulsiva, facultad que la fuerza gravitacional no posee; no depende de tal Constante Cósmico, sino depende de la interacción e índice de transformación de la energía cinética a energía potencial, índice de conservación de la energía.

El Modelo Cosmológico atribuye a la fuerza explosiva del Big Bang como la causante principal de la continua expansión del universo, explosión que ocurrió hace cerca de 1,400 millones de años. Es difícil

de imaginar cómo la sinergia, el efecto de la fuerza de dicha explosión, ha podido perdurar hasta nuestros tiempos. Más difícil resulta explicar, cómo la expansión se ha acelerado en directa proporción con la distancia, en vez de ir debilitándose por la distancia y por la fuerza gravitacional que actúa en sentido opuesto contrayendo los cuerpos celestiales.

La TEO afirma que la expansión y aceleración de la expansión del universo son causadas por:

a). la extensión de las ondas de los ultra y extra energéticos fotones;
b). la fuerza sinérgica de la gran explosión;
c). la suma de las fuerzas de las continuas múltiples explosiones;
4). a la debilidad de la fuerza contractiva gravitacional.

SISTEMA DE FORMACIÓN HOYO BLANCO

La teoría de la Fotogénesis establece que el núcleo de la galaxia proviene directamente de la Nucleogénesis de la Energía Original desde el inicio de la formación del universo; es el centro de formación de todos los elementos materiales y de los cuerpos celestiales; lugar donde principalmente ocurre la Fotogénesis. La Energía Original forma el eje energético que rota la galaxia, forman los fotogénes, las partículas subatómicas, átomos, masa y toda clase de material para formar estrellas y sistemas solares. En este estado el núcleo de la galaxia constituido por plasma de Energía Original y fotogénes es extremadamente pesado. La galaxia es productiva con un pequeño "agujero" rotatorio en el centro al que se le ha nombra en esta teoría como **"agujero blanco"**.

Conforme se va consumiendo la Energía Original, la galaxia va produciendo partículas subatómicas, moléculas, masas; billones de estrellas son producidas, desparramadas hacia a la energiasfera de la propia galaxia, el agujero se va agrandando. La energiasfera formada por corriente de radiaciones de cargas salientes y corrientes de partículas neutras de retorno. El núcleo recicla continuamente toda clase de material convirtiéndola en fotones ultra energéticos. De este modo las estrellas y la galaxia duran billones de años.

El núcleo de una galaxia es un núcleo productivo donde se concentra la Energía Original, donde la Photogénesis, Nucleogénesis, Nucleosíntesis se llevan a cabo. El núcleo produce fotones, electrones, partículas subatómicas surgiendo reacciones termonucleares, formando los cuerpos masivos; transformando la energía cinética a energía potencial, produciendo billones de estrellas. A la vez, los fotones, electrones, partículas subatómicas son esparcidos formando la energiasfera interna y externa fuera del cuerpo masivo, dando una estructura globular a toda la galaxia.

De una forma similar el núcleo de una estrella produce fotones, electrones y partículas subatómicas que sufren reacciones termonucleares dentro del cuerpo masivo de la estrella para luego liberar la corriente saliente de fotones y electrones formando la estructura globular de energiasfera. Cada estrella es constituida por múltiples globos de planetas y globos de lunas; cada galaxia está formada por billones de globos de sistemas solares.

Los fotones, electrones una vez llegando a los límites de la energiasfera, ya son de muy baja frecuencia. Las partículas de cargas pierden sus cargas y son neutras. Entonces son devueltos al eje y núcleo de cada sistema solar o de la galaxia, reciclándose, convirtiéndose en fotones súper energéticos y electrones de nuevo.

Cuando la galaxia o estrella se encuentra exhausta de EO, el núcleo deja de convertir la energía cinética en energía potencial; cesa la conversión de energía en electrones, positrones, partículas subatómicas y átomos ligeros, especialmente hidrógeno y helio. Entonces se consumen otros elementos ligeros llegando hasta el carbón. Posteriormente se consumen incluso los elementos pesados; cesan las reacciones nucleares de fisión o fusión. Cesa el procedimiento productivo de Nucleosíntesis. Consecuentemente no habrá una presión eléctrica hacia afuera que se contraponga a la fuerza de colapso hacia adentro. Ese núcleo es el auténtico Agujero Negro.

Entonces comienza la conversión de la energía potencial a energía cinética por medio de la Nucleolísis. Materia y energía son convertidos en fotones y electrones. El procedimiento de Fotogénesis PAP entra en acción convirtiendo *todo* en fotones de baja frecuencia; estos absorben todos los electrones convirtiéndose en fotones de extra y ultra frecuencia. Todo vuelve a convertirse en una Formación de Energía Original fría.

Ha sido nombrado el núcleo de la galaxia productiva o no productiva por iguales como hoyo negro.

¿Podríamos nombrar al núcleo productivo de las galaxias en plena vida como "Hoyo Blanco", para hacer distinción del núcleo no productivo como agujero negro de las galaxias en su fase terminal de reciclaje?

Ring of the Black Hole.
Credit: X Ray NASA/CXC/MIT/Rappaport et al
Optical: NASA/STSc

ENERGÍA OSCURA
Y
MATERIA OSCURA

LOS ASTRÓNOMOS han propuesto la existencia de la materia oscura y energía oscura debido a que:

I). la constrictiva fuerza de gravedad de la materia visible debería contrarrestar la expansión del universo. Sin embargo, la materia visible solo constituye el 5 % del universo, la cual no es suficientemente fuerte para contrarrestar la fuerza expansiva. Por lo que se ha propuesto la existencia de la materia oscura. Por otra parte, la expansión no solamente no se ha detenida sino que se ha acelerado; por lo que se ha propuesto la existencia de la energía oscura que supuestamente posee una fuerza repulsiva.

Actualmente los astrónomos han calculado que la materia oscura ocupa el 27% y la energía oscura ocupa el 68% de todo el espacio del universo.

Sin embargo, tanto la materia como la energía oscura no han sido descubiertas, ni sus existencias han sido confirmadas;

solamente han sido inferidas por la gravitación que causan en los cuerpos visibles.

II). la fuerza de gravedad de la materia visible no es suficiente para mantener a la materia visible del universo conglomerada en una expansión acelerada.

III). La energía oscura es la sustancia misteriosa que hace que la expansión del universo se acelere, ejerciendo una presión negativa que se opone a la contractiva fuerza gravitacional. Con este propósito Einstein aplicó la Constante Cosmológica aunque posteriormente se arrepintió. Sin embargo, la Constante C. ha sido revivida a pesar de que nadie entiende por qué se tiene que usar esa Constante; ni se sabe por qué ese es exactamente el valor que hay que aplicarse para la acelerada expansión.

IV). la velocidad con que rotan las galaxias en movimiento dentro de los clústeres de galaxias no puede ser explicada por la gravitación de las masas visibles.

V). los cuerpos situados en la periferia de la mayoría de las galaxias, rotan de una forma más acelerada que los situados en el interior. Si la galaxia contuviera solamente la materia visible, requeriría la presencia de una materia invisible para poder explicar esas observaciones a no ser que las leyes de la fuerza gravitacional hayan sido descartadas.

VI). de hecho hay algunos astrónomos y astrofísicos que creen que la teoría gravitacional de Einstein es incorrecta.

VII). Las galaxias que se colisionan demuestran que la materia ordinaria no interactúa con los restos de colisión.

La teoría de la Energía Original afirma que:

1). **Toda existencia del universo deriva de los constituyentes** más fundamenta*les que son los intangibles, sin carga eléctrica, sin peso ultra-energético Fotones Originales;*

2). El fotón está hecho de energía cinética y energía potencial, la transformación entre ellas determina toda actividad del universo;

3). Todo inicia desde el fotón y todo finaliza en el fotón;

4). Los fotones de frecuencia ultra elevada liberan electrones y positrones convirtiéndose en fotones cada vez de menor frecuencia. Nuevos fotones se convierten en electrones y positrones siendo el positrón que siempre pesa menos y es menos fuerte que el electrón precedente. Por la misma razón, el protón siempre pesa más que el antiprotón haciendo posible la formación de la materia baryónica, previniendo el colapso del universo.

5), el secreto de la incertidumbre cuántica estriba aquí donde el fotón es energía; al transformarse en electrón se convierte en materia; de intangible a tangible.

6). el fotón puede interactuar entre cualquier fuerza:

El fotón es la partícula gauge bosón de la interacción electromagnética que forma cualquier rango o combinación del espectro electromagnético.

La TEO afirma que combinando con electrones los fotones forman la fuerza atractiva gravitacional;

Liberando electrones los fotones de alta frecuencia se convierten en fotones de baja frecuencia los cuales son indispensables en la interacción nuclear electro débil;

Al convertirse en gluones, los fotones son indispensables en la fuerza fuerte.

8). La intensidad de vibración de los fotones determinan el grado de temperatura. Los fotones pueden vibrar intensamente llegando a trillones de trillones Kelvin o vibrar apenas, llegando cerca de cero Kelvin.

9). Los fotones regulan y controlan el calor y la presión: al generar electrones incrementa su población, transformándose en toda clase de elementos químicos inclusive cuerpos celestiales.

Los fotones al absorber electrones se convierten en fotones de mayor frecuencia, disminuyen sus actividades; desciende el calor y la presión incluso pueden estar bajo congelación.

10). Al liberar o absorber electrones los fotones pueden estar en diferentes estados ya sea líquido, gaseoso, sólido, plasmático o quedarse como energía. Por la misma razón los fotones pueden actuar a nivel microcósmico o macrocósmico.

11). Los fotones constituyen cada acción o reacción, formación o transformación. Siendo el pilar del proceso exteniente de la Fotogénesis (PEP) constituyen el sistema de la continua, formación y renovación de los cuerpos celestiales; o forman el proceso ascendente de la Fotogénesis (PAP) constituyendo el sistema del continuo reúso y de reciclaje de los cuerpos celestiales así como de la materia y energía del universo.

12). Los fotones al conjugase con los electrones son multiplicables incrementando su población; o son reducibles disminuyendo su población, convirtiéndose en diferentes rangos y combinaciones del espectro electromagnético, llevando a cabo las funciones del universo.

13). Los fotones ultra-energéticos forman el eje y el núcleo de cualquier existencia; es la fuerza intrínseca que genera, activa, revuelve, gira, transforma, vive, muere o recicla.

14). Los cuerpos celestiales se encuentran inmersos dentro de sus energiasferas las cuales forman la parte mayor de cada unidad globular, donde los fotones son cada vez menos enérgicos, los electrones y partículas subatómicas cada vez más escasas, haciéndose intangibles.

15). Los fotones pueden contraerse, compactarse, enrollarse o al revés, extenderse, desenrollarse y expandirse; comportarse como partículas o como ondas; poseen códigos, dándoles el don de generar cualquier existencia, inclusive la energía oscura o la materia oscura.

16). *Esto demuestra que los fotones pueden ser una energía ultra-energética o infra-energética, intangible, congelada, inactiva. En ningún estado transicional los fotones ni liberan ni absorben electrones, tampoco interactúan entre ellos*

17). *Esto implica que los fotones derivan la energía oscura o la materia oscura desde el inicio de la formación del universo, controlando la transformación de la energía cinética y la energía potencial, conservando la energía.*

18). *En cualquier existencia oscura como energía o materia, existe el campo electromagnético, lo que implica que existe el "fotón oscuro" como la partícula de interacción.*

19). Al inicio de la formación del universo, la Energía Original era fría, congelada, intangible, invisible parecida a la actual "energía oscura" descrita por los astrónomos. Una vez que la interface se haya terminado, los ultra-energéticos fotones liberaron enormes cantidades de electrones produciendo enorme calor y presión; la temperatura se elevó inmensurablemente. La Energía Original se convirtió en un incandescente globo de fuego.

20). El revés fenómeno ocurre en el sistema de reciclaje del agujero negro: conforme la materia baryónica se va convirtiendo en protones y electrones cayéndose dentro del agujero negro, la temperatura incrementa inmensurablemente. Al convertirse toda la materia en fotones y electrones, los fotones absorben los electrones convirtiéndose en ultra-energéticos y se vuelven intangibles, invisibles la temperatura desciende, los fotones pueden quedar congelados y "oscuros".

22). Podríamos citar otro ejemplo de la transformación de la energía cinética a energía potencial en la formación de la galaxia. Una vez que la energía de ultra frecuencia haya formado el núcleo de la galaxia por medio de la Nucleogénesis, sigue la Nucleosíntesis; la energía cinética se transforma en energía potencial formando los elementos baryónicos, formando sistemas solares. Billones de sistemas solares son esparcidos desde el núcleo de la galaxia. Al mismo tiempo, son billones de sistemas solares que se queman y liberan enormes cantidades de electrones, fotones y partículas subatómicas a sus cielos formando las energiasferas y estas a la vez la energiasfera de la galaxia entera.

23). El núcleo de la galaxia y de los sistemas solares son de ultra frecuencia por ende son intangibles, invisibles; mientras que los fotones, electrones y partículas subatómicas se van debilitando hacia a la periferia de la energiasfera haciéndose intangible e invisibles. Razón por la cual vemos los cuerpos celestiales suspendidos en el espacio vacío sin ningún sostén siendo que en realidad están sumergidos en el microcosmo invisible.

Podemos concluir que bajo la orden y control de la Energía Original dependiendo del estado de evolución que se encuentren la transformación de la energía cinética y energía potencial, la energía oscura o materia oscura forman los estadios transitorios que provén energía o materia. El núcleo de la galaxia es el manantial de fotones, electrones y partículas subatómicas que provén a sus sistemas solares y los núcleos de las estrellas, son los manantiales de electrones, fotones y partículas subatómicas que provén a sus sistemas planetarios durante billones de años.

Esto implica que la energía oscura y la materia oscura derivan de la Energía Original; forman las interfaces entre las transformaciones de la energía cinética y energía potencial. Ellas no son curiosidades misteriosas que aparecen y desaparecen sino constituyes unos de los eslabones de la transformación.

ENERGIA PRIMERO

Desde el inicio *de la formación del universo, fue la energía que se transformó en materia; no la materia que se haya convertido en energía. Es decir, el universo se formó a partir de la Energía Original, más no a partir de un súper* átomo primordial o de la *masa de un previo universo concentrada a un punto, al grado de la singularidad. Menos probable aún, a partir de la nada. ¡La nada solamente puede generar nada!*

El recién nacido universo era constituido exclusivamente por la Energía Original: fotogénes, *fotones de longitud de onda extremadamente compacta, precursores de los fotones ordinarios. Dichos fotones fueron sometidos a extremada alta temperatura y presión, chocando, friccionando, agitando y vibrando, formaron un globo de fuego. Durante esa energía dominante época, los fotones viajaban a mayor velocidad que la velocidad de la luz actual, inflando y expandiendo el recién nacido universo.*

Hoy, la afirmación de que nada viaja más rápido que la velocidad de la luz aún es correcta porque ellos son dos entidades, dos escenarios diferentes. Einstein refería ningún objeto físico viaja a mayor velocidad que la luz. La Energía Original no era ni es un objeto tangible, su acción puede transmitirse simultáneamente a cualquier parte como un todo aún al otro lado del universo. Es por eso que el género humano solo ha podido descubrir pocas leyes de la física porque sus estudios se limitan a objetos físicos. Los precursores fotogénes viajaban en el vacío absoluto; mientras que los fotones de ahora viajan en diferentes medios sufriendo difracción, refracción, reflexión, polarización e interferencias. Por otra parte los fotones se han extendido a través de una larga distancia, durante largo periodo, hasta que la velocidad de la luz se estabilizó.

La analogía entre el origen del universo y la explosión de la bomba atómica de la Segunda Guerra Mundial es inaceptable, puesto que la bomba era materia que se convirtió en energía aniquilando la materia. Mientras que la creación del universo fue al revés, la energía engendró la materia. La materia siempre se forma a partir de la energía.

La materia acumula y conserva energía haciendo que la energía sea tangible, visible, palpable. La energía concede vida, inclusive espíritu a la materia. La materia existe porque contiene energía. Cuando la materia pierde la energía, se desintegra, desvanece y se transforma, cumpliendo la ley universal cíclica de nacer, vivir, desarrollarse, morir, reciclar y renacer.

Nosotros somos seres vivientes porque la Tierra es un planeta vivo. El planeta está vivo porque el Sol se encuentra vivo; el Sol está vivo porque nuestra galaxia está viva y nuestra galaxia está viva porque el universo está vivo. Todos somos viviente porque poseemos Energía Original en un concepto macro cósmico.

La materia sin energía es la muerte. Donde no hay energía está la muerte. La definición más exacta de la muerte es exhausta de energía; es la ausencia de la Energía Original. Eso le puede suceder a una persona, a un objeto, a una estrella, a una galaxia, a cualquier existencia. Pero la muerte es parte de la vida. La muerte cierra el ciclo de una serie de transformaciones desde átomos, masa, seres vivos, planetas, estrellas, hoyos negros hasta supernova, todos pueden haber sido parte de otros en el transcurso de billones de años. La transformación es el escenario de batallas desde la fotogénesis a la entropía; del orden al desorden; desde el "agujero blanco" núcleo de la galaxia productiva al agujero negro de una galaxia en agonía.

La energía puede transformarse en materia y la materia puede convertirse en energía. El estado funcional, vivo de la materia es poseyendo energía. Es por eso que la energía debería ser considerada como el quinto estado de la materia, además de los estados: solido, liquido, gaseoso y plasmático.

La transformación de la energía en materia es a través de los fotones, fotones de diversas longitudes de ondas, de diferentes frecuencias y variables combinaciones, según la temperatura. No poseen peso ni carga eléctrica, pero sí poseen diferentes niveles de energía. Los fotones transfieren la energía liberando electrones y de ser ondas se convierten en partículas. Inversamente, la materia puede ceder su energía emitiendo fotones, fotones en forma de ondas con carga de energía.

En realidad, materia o masa es una manifestación del campo electromagnético. La masa está constituida por átomos, el átomo está constituido por protón, neutrón y electrón. Protón y neutrón están constituidos por partículas subatómicas y ellas por fotones. Todos ellos giran formando el campo electromagnético. Átomo, planetas, estrellas poseen su campo electromagnético, porque están construidos por fotogénes y fotones. Por lo tanto, la materia viene siendo una metamorfosis de la energía.

La masa es energía-espacio-tiempo potencial, en el transcurso del tiempo decae convirtiéndose en energía-tiempo cinética. El espacio tiempo relativo que la masa ocupa se va reduciendo progresivamente incluso desaparece en su totalidad y ser ocupado exclusivamente por energía. En este caso, la energía cinética llega a su máximo la cual es de fotones que viajan con la velocidad de la luz. Por lo tanto, fotones y masa son intercambiables tal como la energía cinética y la energía potencial bajo aceleración; la aceleración implica tiempo. Los fotones pueden ser energía cinética o energía potencial porque el fotón por sí mismo está hecho de energía cinética y energía potencial.

¡Siempre existirá energía, la masa puede desaparecer pero la energía nunca! Este es el "secreto" fundamental de la quántica incierta; esta es la doble personalidad del transformador energía-materia o sea del fotogén.

La pretensión de llegar a descubrir el origen del universo por medio de la subdivisión sin fin de la materia nuclear, no solamente técnicamente es imposible sino que nunca llegará a formar un mini universo material. Lo más probable es que llegue a obtener energía, fotones, como resultado final, tal como ocurrió con la bomba atómica. El estudio a partir de la materia ha logrado a descubrir un zoológico de partículas subatómicas. Quizás sea más exitoso aún el estudio descendente, obtener la materia a partir de la energía, a partir de rayos extra gama e ultra gama.

La teoría de la Energía original establece que todo lo existente del universo deriva de la Energía Original, por lo que todo contiene Energía

Original. Las células neuronales no serían la excepción. El sistema nervioso central, el sistema nervioso periférico y los receptores nerviosos forman la estructura más sofisticada y el funcionamiento más complejo de cualquier organismo. En el caso de los seres humanos, la interacción de los receptores (información) con el sistema nervioso central (conexión, análisis y decisión) y el sistema nervioso periférico (ejecución), controlan todo el cuerpo.

El sistema nervioso central (CNS) lo forma el encéfalo y la médula espinal. El encéfalo consta de cerebro anterior y cerebro medio. El cerebro anterior lo forma el telencéfalo y el diencéfalo; el telencéfalo está formado por neocortex, ganglios basales y sistema limbito. El diencéfalo lo forman el tálamo e hipocampo.

El cerebro posterior consta de cerebelo, protuberancia y bulbo.

El sistema nervioso periférico consta de nervios craneales y nervios raquídeos. Los nervios craneales son autónomos y pueden ser simpáticos o para simpáticos.

Existen tres tipos de neuronas y sus funciones básicas son:

1). Neuronas sensoriales que poseen dendritas largas y axones cortas las cuales llevan mensajes desde los receptores al sistema nervioso central. Sus funciones son recibir datos sensoriales desde el entorno interno o externo;

2). Interneuronas que realizan conexiones entre neuronas a neuronas y solo se localizan en el sistema nervioso central. Sus funciones son integrar, analizar, ordenar y mandar órdenes de acciones;

3). Neuronas motoras poseen dendritas cortas y axones largas. Sus funciones son responder los estímulos. Transmiten los mensajes desde el sistema nervioso central a los músculos, vísceras, glándulas u órganos.

Los receptores son los sensores que detectan los estímulos internos o externos. Los receptores sensoriales como auditivos, visuales, gustativos, olfatorios y tactos, recogen informaciones del entorno externo del cuerpo. Los datos pueden ser toda clase de información que los receptores captan, incluyendo los signos internos del cuerpo que los receptores del sistema autónomo parasimpático y simpático, captan, reflejando la funcionalidad dentro del cuerpo.

Estas informaciones se convierten en señales aferentes y son transmitidos por los nervios periféricos a la médula espinal la cual las manda al cerebro posterior. El cerebro posterior selecciona y distribuye los mensajes al cerebro medio, el cual nuevamente selecciona y distribuye los mensajes al cerebro anterior.

Pero, ¿cuál es el significado de toda esta sofisticada estructura? ¿Cómo podemos explicar semejante diversa actividad cerebral como inteligencia, raciocinio, intuición, lenguaje, memoria, consciencia, inconsciencia, sueños, pensamientos, análisis, integración de datos, mente o alma? Si tenemos un palacio no significa que tenemos un buen gobierno funcional. ¡La masa cerebral por sí sola no trabajaría así!

Las neuronas, tal como otras células son objetos con carga eléctrica. Consecuentemente, cuando cualquier parte del cuerpo recibe un estímulo, los electrones de los receptores sensitivos se excitan y las células sensitivas vibran generando corriente eléctrica. Las neuronas tienen carga positiva fuera de la membrana plasmática y menos positiva dentro de la membrana, haciendo que haya un gradiente de carga negativa la cual es una potencia en reposo.

Los iones de sodio se encuentran más concentrados fuera de la membrana; mientras que los iones de potasio se encuentran más concentrados adentro. La potencia de acción resulta cuando los estímulos producen cambios en la carga de la polaridad de la membrana haciendo la concentración de sodio-potasio se reviertan. Entonces, dentro de la membrana es positiva y fuera de la membrana es negativa. La bomba de sodio-potasio restaura la carga de la potencia en reposo de la membrana, bombeando sodio hacia fuera y potasio hacia adentro. Esta acción se lleva a cabo a través de la membrana del cuerpo neuronal, de las dendritas y del axón, despolarizando y polarizando. La polarización y despolarización implica que la transmisión de los mensajes es por medio de las ondas electromagnéticas.

Las neuronas son las estructuras funcionales más fundamentales del cerebro que llevan a cabo toda actividad cerebral. Las dendritas captan los impulsos ascendentes; dependiendo del tipo de mensaje, la neurona responde con una orden; el axón conduce los mensajes hacia fuera a través de las sinapsis, donde los transmisores químicos pasan los impulsos de los mensajes descendentes a otras neuronas o a los ejecutores. Los impulsos de los mensajes viajan dentro de la neurona como potencias eléctricas.

La conexión entre neurona y neurona es a través de la cápsula sináptica donde los transmisores se localizan dentro de vesículas. Los mensajes pueden ser transmitidos o inhibidos por los transmisores, los cuales pueden ser acetilcolina, noradrenalina, adrenalina, dopamina, hormonas y otros. Por lo tanto las sinapsis solamente contribuyen en la selección, excitación, conexión, comunicación y distribución de los impulsos, entre la red de las neuronas. El trabajo real es llevado a cabo por las neuronas.

Sabemos entonces la estructura cerebral central y del sistema nervioso periférico, la forma como se transmiten los impulsos, pero aún no está claro qué y cómo se forma la mente. La mente debe ser formada dentro de la neurona e integrada por grupo de neuronas. El resto de los componentes anatómicos sirven para captar, transmitir, ejecutar informaciones y órdenes.

¿Cómo se podría explicar la actividad cerebral, inteligencia, lenguaje, razonamiento o el alma? La materia por sí misma no podría trabajar de ese modo. Nosotros diseñamos, planeamos con la energía mental antes que se materialicen las cosas. Tenemos la idea antes de entrar en acción. El cerebro es una máquina de energía, energía que se genera en las neuronas y el hipocampo. Es posible que cuando llegue un estímulo, el hipocampo libere una extremadamente minúscula cantidad de energía que se distribuye por todo el cerebro. Luego las correspondientes áreas de la corteza cerebral responden, intercambian información y liberan códigos. Hasta entonces, es cuando la reacción química molecular se lleva a cabo. La forma más inteligente de almacenar información es por medio de códigos y mensajes, por medio de la energía; más no con las voluminosas moléculas químicas, la materia.

¿Pero cómo se comunican las neuronas encefálicas entre sí para integrar ideas? ¿Qué constituye razonamiento, auto percepción y consciencia? ¿Cómo se almacena la memoria? Ellos son códigos y mensajes derivados de la energía original, almacenados y localizados en lo más profundo del sistema nervioso central. ¡Ellos no podrían ser materia constituidos por átomos o moléculas!

La memoria es considerada como las conexiones entre los diferentes circuitos en las sinapsis, bajo la acción de la serotonina, glutamato y la selección de diferentes compuestos de proteínas. Definitivamente este es un proceso de más bajo nivel que constituye la memoria. Memoria tal como otras actividades cerebrales son funciones de las neuronas, del poder intrínseco de las neuronas. Todo depende de sus estructuras y la energía que poseen, almacenadas como códigos.

Las sinapsis juegan un importante papel en las conexiones entre diferentes grupos de neuronas; esas neuronas integran las informaciones que entran, las analizan, extraen datos de los archivos, forman ideas, toman decisiones y por último mandan órdenes a través de los axones a las sinapsis, luego de las sinapsis a los órganos, vísceras o músculos para que se ejecuten, todo como códigos electromagnéticos.

Los transmisores se encuentran encapsulados dentro de la vesícula sináptica, al llegar los impulsos de las neuronas presinápticas son liberados por las dendritas de las células gliales, los astrocitos los cuales deciden cuales señales transmiten y a cuál circuito. Entonces, excitan a las dendritas postsinápticas de las siguientes neuronas. Los transmisores inmediatamente son reciclados dentro de la capsula sináptica. Consecuentemente, la memoria se almacena como señales de ondas electromagnéticas dentro de las neuronas para después ser extraídas al estar relacionadas con algún dato que se requiera. Todas las señales, códigos son biofotones débil de muy baja frecuencia.

Se ha comprobado que la inteligencia espiritual es formada por neuropéptidos. Una vez más, para la formación de los neuropéptidos en las células neuronales requiere la inducción, el estímulo y transmisión electromagnética.

Si toda la teoría molecular fuese cierta, si memoria, lenguaje, consciencia, alma fuesen moléculas de largas cadenas de proteínas, nosotros tendríamos que tener un cerebro y un cráneo cientos o miles de veces mayor que el que poseemos. Consecuentemente, tendríamos un cuerpo gigantesco para soportar la pesada cabeza, tal como fueron los dinosaurios.

Por otro lado, si todos los procesos cerebrales se llevaran a cabo por medio de reacciones químicas, generarían extremadamente altas temperaturas que el sistema nervioso central no podría soportar. Requeriría un sistema enorme de enfriamiento, si no, se quemaría.

En el libro de "Ecos de Reflexiones" el autor ya había señalado que la inteligencia se adquiere por estímulos, experiencias, ejercicios y aplicaciones que precozmente se haya acumulado desde la infancia. Entre mayor cantidad de neuronas hayan sido sensibilizadas precozmente en la infancia, más inteligente será la persona. Todos nacemos con la semilla de inteligencia que es la Energía Original, solo hace falta activarla con estímulos repetitivos.

Esa inteligencia se almacena como códigos dentro de las neuronas y es extraída cada vez que se requiera como señales electromagnéticas.

El caminar lo aprendimos desde bebés a base de ejercitar los músculos, de las múltiples caídas, de la coordinación de sostén por los huesos, por los músculos, por el sistema de equilibrio guiado por la cóclea del oído medio etc. Y eso se almacena, se extrae y se aplica como señales electromagnéticas antes de llevarse a cabo.

Las aves poseen una predilecta memoria, navegan sin mapas, sin aparatos, sin guías y llegan con precisión a los lugares donde hay agua, alimentos y buen clima. ¡Todo a base de energía!

Los impulsos aferentes y eferentes que se conducen por el sistema nervioso periférico; la manifestación electro encefálica; los transmisores químicos en las sinapsis y la formación molecular de la actividad del sistema nervioso central son solamente datos de más bajos niveles.

La realidad es que toda la actividad neurológica funciona con ondas electromagnéticas desde el más alto nivel del sistema nervioso central incluso a niveles periféricos. Si sentimos que algo nos quema la piel, primero retiramos la mano antes de averiguar si es algo caliente o fuego. Muchas veces resulta ser algo muy frio. Esa es función de un arco de reflejo medular que no llegó a la corteza sino hasta después que entra el razonamiento, un acto de impulsos eléctricos. La mayoría de las acciones de los neurotransmisores y otras sustancias se limitan en la capsula sináptica y tejidos conectivos neuronales.

Uno de los más concretos ejemplos que demuestra que nuestro cerebro, el Sol, la Tierra, el universo funcionan con la energía electromagnética es nuestra consciencia, nuestra auto percepción. Los ojos detectan directamente todos los rayos electromagnéticos de todos los colores, los cuales entran a la retina y se transmiten hasta la corteza occipital. Luego llega al hipocampo, el hipocampo distribuye la información selectivamente a otros centros para ser interpretados e integrar los datos captados del entorno. Es así como somos conscientes y alertas de todo lo que existe en nuestro alrededor. Estos datos son analizados convirtiéndose en consciencia. Hasta que se haya formado consciencia es cuando se toma acción.

Tenemos un campo electromagnético alrededor de nosotros que nos hace poder percibir, sentir aún sin ver. Combinando otros datos captados por otros receptores sensitivos, las neuronas del cerebro analizan, extraen datos de la memoria y forman el concepto consciencia. El cerebro toma las decisiones pertinentes y da la orden de ejecución el cual se reduce a un paquete de ondas electromagnéticas.

La compleja actividad cerebral y la enorme capacidad cerebral, debería dejar de duda sobre lo que es capaz de realizar la energía que poseen las neuronas. Tal como la explosión nuclear de la bomba atómica dejó en claro la enorme cantidad de energía y el poder que poseen unos cuantos átomos. Estos hechos a la vez, ponen en evidencia que la energía enrollada y compactada ocupa un reducido inapreciable espacio como lo que contiene una semilla.

En cualquier tiempo, cualquier circunstancia, cuando la corriente eléctrica se forma, simultáneamente se forma la magnética, consecuentemente, el campo electromagnético. Los impulsos se forman por la diferencia del gradiente electroquímico entre los iones sodio y potasio a ambos lados de la membrana celular. Pero el mensaje que la corriente de impulsos lleva a través de las dendritas, el cuerpo de las neuronas y los axones o cualquier tipo de células son ondas electromagnéticas. Por lo tanto, raciocinio, memoria, pensamientos, lenguaje, identidad, consciencia, intuición, toda actividad cerebral son paquetes compactos de ondas electromagnéticas.

Podrimos deducir que los neurorreceptores capturan la información, la cual son fotones liberados de la energía de electrones de los objetos excitados. Esos fotones son transmitidos vía aferente a través de la médula espinal, al tallo cerebral, a los diferentes niveles del sistema nervioso central hasta llegar a la corteza cerebral. Estas ondas electromagnéticas son convertidas en biofotones los cuales son alertadores. Los biofotones alertadores son transmitidos a diferentes neuronas donde son analizados, seleccionados formando consciencia. Los signos de consciencia son enviados a diferentes centros neurológicos. Nuevamente son analizados en diferentes centros de donde resulta una decisión; otros biofotones de respuesta como órdenes son llevados a la vía eferente, al sistema nervioso periférico. Las órdenes de biofotones llegan a los órganos o músculos o vísceras donde las ondas electromagnéticas inducen a los neurotransmisores. Los órganos y músculos ejecutan las órdenes liberando energía ATP la cual es una combinación de fotones con electrones. De este modo la estructura y la función son integradas por la energía electromagnética manifestando la actividad mental.

Todos sabemos del milagroso potencial que una minúscula semilla es capaz de desarrollar. Todos sabemos su peso, la cantidad de masa, las cuatro fuerzas que contiene son insignificantes también. ¿Por qué ella puede desarrollar semejante transformación? ¿Por qué unos microscópicos óvulo y espermatozoide son capaces de transformarse en semejante compleja estructura, altamente funcional como es el ser humano? Simplemente porque la semilla y el espermatozoide poseen la Energía Original. Más no porque su masa sufre una especie de gran explosión dentro de la tierra o dentro de la matriz materna. Tampoco es debido solamente a que ellos poseen DNA y RNA. Todos ellos necesitan la energía para comenzar a funcionar y a desarrollarse.

En el caso del espermatozoide y del óvulo, ellos necesitan la atracción por medio de la energía primero, luego el contacto físico, después la reacción química para combinar los veintitrés genes de cada lado, antes que el DNA entre en acción.

Podemos afirmar que todos los seres biológicos que se encuentran sobre la Tierra derivan de la acción de la luz y de todo el espectro de radiaciones del Sol combinados con la radiación de la Tierra, los cuales son fotones. Toda nuestra actividad cerebral es realizada por las células neuronales que funcionan con fotones de baja frecuencia. Toda nuestra percepción se convierte en fotones; toda nuestra actividad cerebral es por medio de fotones; toda actividad cerebral se realiza en el campo electromagnético el cual forma una red compleja, con diversos centros neuronales donde los biofotones viajan tan rápido como la velocidad de la luz. Dirigidos por la Energía Original los biofotones realizan toda actividad mental: pensamientos, consciencia, alma, lenguaje, inteligencia, memoria, percepción, intuición, incluso sueños. Nuestro cerebro es un pequeño universo que funciona con potenciales eléctricos y potenciales magnéticos bajos. Estos potenciales de las actividades cerebrales han sido detectados por electroencefalografía y magnetoencefalografía. Obviamente la actividad electromagnética no solamente se limita al sistema nervioso sino en todas las células, en todo el cuerpo.

Por lo tanto, la Energía Original es una energía germinativa desde donde se forma cualquier materia hasta cuerpos celestiales. Aún desde el gas y el polvo de las nébulas, casi desde la "nada", milagrosamente la Energía Original hace aparecer una estrella. Este debería ser un hecho convincente de la existencia de la Energía Original.

La Energía Original posee códigos y mensajeros con los cuales dirige y transforma el universo. Sus acciones son instantáneas, sin localidad o temperatura y viaja más rápido que la velocidad de la luz.

La transformación de la energía a un estado físico material es más evidente aún en el macrocosmos de los cuerpos celestiales. Todo el proceso inicial de la formación del universo fue constituido primordialmente por cambios energéticos: ondas, luces, calor, radiaciones, presiones hasta sonidos o sea por la actividad de fotones antes de formarse las partículas subatómicas, por ende antes de la formación de la materia. El núcleo de las galaxias está constituido por energía pura. Por eso no vemos más que un agujero. Todo proceso químico, físico necesita la activación de la Energía Original desde el sumo interior de los núcleos.

Es por eso que primero es la energía.

Credit. NASA Huracane Photo gallery
¡La acción de la Energía Original es tan evidente en un
huracán, que el mismo cielo nos lo explica!

LUZ ES FOTÓN, FOTÓN ES VIDA

Las radiaciones *solares, cósmicas y terrestres son el motor y energía que dirige toda actividad en la Tierra.*

Las radiaciones solares combinadas con las radiaciones cósmicas, estelares y el campo electromagnético de la propia Tierra, la **energía** *constituye el sistema meteorológico.*

La variación del clima es causada por el impacto del calor solar, los cambios que sufren las radiaciones al incidir en las diferentes capas de la atmósfera. La Tierra gira alrededor del Sol en forma elipsoidal, lo que indica que se acerca y se aleja del Sol. Influye también la inclinación del eje de la Tierra causando diferentes estaciones. Son importantes las variaciones geográficas, tales como regiones polar, árida, subtropical, tropical, montañosa, forestal, desiertos, cercanía a las aguas del mar o ríos etc…

Las erupciones solares periódicas causan variaciones significativas en el clima, como el fenómeno del niño o de la niña. Los efectos de los diferentes climas y estaciones son los factores determinantes de la diversidad y estilo de vida de todos los seres vivientes.

La energía solar llega a la superficie de la Tierra como luz visible y radiación infrarroja principalmente. Solo el 8% llega como rayos ultravioleta los cuales son prevenidos por el ozono de la estratosfera. Las radiaciones dañinas se impactan sobre las capas más altas de la atmosfera como la exosfera. De cualquier forma cualquier tipo de radiaciones pueden llegar a la superficie terrestre después que se hayan transformado en radiaciones de menor frecuencia.

Los cambios energéticos suceden conforme las radiaciones solares y interestelares van penetrando a la exosfera, ionosfera, termosfera y estratosfera.

La troposfera es la capa más interna que está en contacto con la superficie terrestre. Es en donde se confrontan las radiaciones provenientes del Sol con las radiaciones provenientes del núcleo de la Tierra, donde surgen las actividades climatológicas. Es en la troposfera donde los cambios climatológicos físicamente se manifiestan. Tal como los fenómenos de diferencia de presiones, choques entre corrientes calientes y fríos, choques entre cargas eléctricas positivas y cargas eléctricas negativas. O sea los cambios energéticos toman lugar conforme las radiaciones van penetrando las diferentes capas atmosféricas, antes que los fenómeno naturales: el aire, la lluvia, tornados, huracanes, tifón, entran físicamente en acción en la troposfera. El eje rotativo invisible se forma antes que los huracanes, tornados, tormentas se materialicen.

El huracán no es solamente una acción mecánica succionando el agua salada del mar al cielo; es un procedimiento fisicoquímico convirtiendo el agua salada en agua dulce antes de llover. De otro modo se arruinaría la cosecha, los ríos serían de agua salada en los continentes.

Nosotros podemos predecir que va a llover o no va a llover según el aspecto y la cantidad de nubes, la humedad, la fuerza del viento y el grado de la temperatura porque físicamente percibimos esos cambios. Pero antes de esos cambios ya habían sucedido los cambios energéticos arriba mencionados. También depende de la transformación de dicha energía y la cantidad de radiaciones que recibe cada región.

Gracias a que la Tierra rota en su propio eje, va cambiando su posición, su orientación, con respecto al Sol. Gracias a que la Tierra rota alrededor del Sol va cambiando su posición, su orientación, su distancia con respecto al Sol. Por ende cambia la cantidad de rayos solares que recibe cada región. Por otra parte, la cantidad de radiación solar que llega a la superficie de la Tierra varía en cantidad debido a la actividad nuclear y rotación del propio Sol. Consecuentemente la energía solar que recibe la Tierra varía en cada región, cada estación, varía de día o de noche, de meses a meses. Si a eso le agregamos la variación de la superficie terrestre, sea continente, sea mar, la absorción de energía varía y la respuesta varía, por lo que surgen los cambios climatológicos. Pero todo depende primero de la percepción y actividad de la energía.

Entonces, el clima es solo el fenómeno físico visible; la fuerza real que hace los cambios climatológicos es la acción de la energía solar; la acción de los fotones provenientes de los rayos cósmicos y solares que llegan degradándose a través de las diferentes capas de la atmosfera. Los incesantes cambios y transformaciones climatológicos hacen posible la formación de un adecuado entorno para el desarrollo de toda clase de seres vivientes. La diversidad de los seres vivientes y de las plantas es gracias precisamente, a los constantes cambios climatológicos, gracias a la acción de la energía de los fotones.

La radiación solar consta de ondas electromagnéticas con fotones de diferentes rangos de frecuencias. La atmósfera y la energiasfera que envuelve a la Tierra, la protege de los rayos dañinos tales como rayos gama, rayos X o de mayor frecuencia como los rayos ultra gama, extra gama incluso de las partículas del viento solar. Estos rayos solamente pueden llegar a las capas más elevadas de la atmosfera. Pero las radiaciones pueden ionizarse, colisionarse transfiriendo su energía y convertirse en fotones de más baja frecuencia como rayos ultravioleta, la luz visible y rayos infrarrojos, penetrando la atmosfera hasta llegar a la superficie terrestre.

Los rayos interestelares atenuados pueden llegar a la troposfera causando notables influencias en las nubes, frecuencia de relámpagos, penetrar hasta las profundidades de la tierra y de los mares e influyendo en el desarrollo de los seres vivientes y plantas.

La Tierra es un planeta vivo, gracias a la acción de la energía solar, combinada con la energía emanada desde el núcleo de la Tierra formando biofotones, los cuales son los constituyentes reales de cualquier vida.

La luz visible solamente puede penetrar al continente y océano superficialmente. Pero las radiaciones invisibles como infrarroja, quizás radio y microondas con longitud de ondas más largas pueden penetrar a mayor profundidad del océano, las cuales pudieran jugar un papel en la función de la fotoluminiscencia de una gran variedad de creaturas. La fotoluminiscencia está formada por la reacción de los compuestos químicos luciferina luciferasa convertidos en fotones, la mayoría bajo el profundo fondo del mar.

La TEO postula que de alguna manera las radiaciones son transformadas en fotones luminiscentes visibles de extremadamente baja frecuencia. Los organillos especializados son los que convierten los fotones en biofotones a través de la Fotogénesis, transferencia de energía de fotones a electrones, luego de los electrones a fotones sucesivamente hasta convertirse en biofotones.

En todas las fotoluminiscencias se involucra la energía de ATP; el ATP está formado por fotones y electrones. Por lo tanto, los elementos esenciales de la fotoluminiscencia es la conjugación de fotones y electrones. El océano es el reservorio más grande del calor del Sol, el cual contribuye en todos los estilos de vida del océano.

La radiación electromagnética toma parte en el proceso de la fotosíntesis prácticamente en todas las plantas, transformando la energía del fotón, en energía química, azúcar y oxígeno. También toman parte en las reacciones fotoquímicas de los animales.

La fotosíntesis es un proceso donde la energía de la luz solar es convertida en energía química utilizable el cual involucra varios complejos proteicos del cloroplasto.

La energía di-estructural magnética-eléctrica fotogénica excita a dos electrones cuya potencia de energía se eleva. Los electrones son transferidos al cargador de proteína móvil el cual recoge dos hidrógenos. Los electrones son suplidos por dos moléculas de agua; una molécula de oxigeno es producido como producto secundario. Dos electrones más son transferidos a dos más complejos proteicos; el tercero usa el fotón para pasar su energía al electrón. La energía se usa para producir ATP. El ATP es usado para producir azúcar y otros compuestos para alimentar a las plantas. El ATP proveniente de fotones y electrones es la energía usada universalmente por todos los seres vivientes animales y vegetales.

Bajo la acción de la energía de los fotones el resultado final de la fotosíntesis es: seis moléculas de agua, mas seis moléculas de bióxido de carbón produce una molécula de azúcar y seis moléculas de oxígeno. El inorgánico dióxido de carbón es convertido en azúcar orgánica y oxigeno por organismos fotoautotróficos. La energía proviene de los fotones que continuamente se les suministra a los electrones.

Por más de mil millones de años los seres vivientes han sido magnetizados y electrificados. Las células de los huesos, músculos y órganos, especialmente el sistema nervioso trabajan como sistema electromagnético. Durante el tiempo diurno trabajamos con los fotones del Sol y en las horas nocturnas trabamos con los fotones de la Tierra.

Los árboles y toda la vegetación de las selvas compiten la luz solar creciendo hacia arriba o haciéndose frondosos. También compiten por la energía magnética de la Tierra creciendo con abundantes y profundas raíces.

Las verduras frescas, el agua primaveral de las montañas contienen minerales y nutrientes provenientes de la Tierra. Ellos se encuentran magnetizados y son saludables mientras se ingieren frescas.

Si analizáramos función por función, todas las actividades del organismo, llegaríamos a la conclusión de que todos dependen de la luz solar y del campo electromagnético de la Tierra. O sea que toda actividad de los seres vivientes es la conjugación de los fotones con electrones.

De acuerdo con la Teoría de la Energía Original, la vida surgió por los códigos predestinas de la Energía Original contenida el núcleo de la Tierra y del Sol. El sistema solar derivó de la energía de los fotones; la Tierra derivó de los fotones; el universo entero derivó de los fotones. Por lo tanto no debería haber duda de que la vida provino de la energía de los fotones; fotones provenientes del Sol combinados con los fotones provenientes del núcleo de la Tierra y del área interestelar.

La pregunta sería: ¿Por qué en otras partes del sistema solar no existe vida? ¿Por qué en otras partes de Milky Way Galaxy no existe vida? Sería más correcto decir que hasta la fecha no se sabe que en otras partes del universo exista vida. Más aún, no se sabe que exista vida inteligente en otra parte más que en la Tierra. Por lo que la investigación sobre las condiciones específicas que hicieron posible la aparición y desarrollo de vida inteligente en la Tierra es fundamental.

El autor ya había señalado en el libro de "ECOS DE REFLESIONES" que pudiera hallarse vidas inteligentes similares a nuestras en otros planetas de otros sistemas solares, más no en otros planetas o lunas de nuestro sistema solar. Porque las radiaciones externas o internas o la luz solar que reciben no son propicias para el desarrollo de vida. Aunque se ha podido desarrollar vidas extrañas para las películas de ciencia ficción.

La formación de vida ocurrió durante largos periodos de transformaciones, evoluciones, adaptación, mutaciones sucesivas, bajo extremas complejas condiciones; bajo la combinación entre las radiaciones extra estelares, radiaciones solares, la luz de siete colores y las condiciones especiales de la Tierra. La fotosíntesis es un procedimiento básico para proveer energía a la vida. La cadena alimentaria entre todos los seres por sí sola demuestra la complejidad de la evolución de la vida. Pero todos están ligados al idóneo campo electromagnético de la Tierra que ha hecho posible la transformación de fotones en biofotones.

Es por eso que la luz es fotón y el fotón es vida.

ORIGEN DE LA VIDA

La teoría de la Energía Original o teoría de Fotogénesis establece que el universo se formó a partir de fotones ultra energéticos. A través del proceso de Fotogénesis, las ondas frías de extremadamente compactas longitud y de ultra elevada frecuencia se fueron extendiendo, haciéndose menos compactas y de menor frecuencia. Ellos formaron los fotones de todo el espectro electromagnético. Los fotogénes eran los fotones más fundamentales que poseían los códigos de formación de toda la existencia del universo.

En un estadio más avanzado, a través de Nucleogénesis y Nucleosíntesis se formaron quarks, gluones y toda la variedad de partículas subatómicas. Subsecuentemente, también los protones y neutrones. En seguida la adhesión del núcleo de protón y neutrón con el electrón se formó el átomo. Una vez formados los átomos no fue difícil la formación de los elementos ligeros, después los elementos más pesados y en seguida los compuestos.

A continuación se formaron moléculas, masas, cuerpos celestiales y todo el universo energético y material.

Es probable que alguna división de los Fotones Originales codificados, mensajeros, llegaran a extenderse a frecuencias extremadamente bajas, formando los biofotones.

La luz solar es la fuente de energía, por medio de los biofotones actuó sobre las moléculas orgánicas, convirtiéndolas en plantas unicelulares primordiales, las cuales poseían la facultad de realizar la fotosíntesis, asegurando la provisión de la energía en forma de ATP. Hasta entonces, por acción de los fotones, se formaron las bacterias unicelulares. Plantas y bacterias establecieron simbiosis, intercambiando bióxido de carbón por oxígeno, formando cadenas alimenticias y reciclaje de desechos. La vida como plantas, animales y seres inteligentes se originaron por los procedimientos de Fotogénesis de los fotogénes. ¡Esta fue la *conversión de fotones en biofotones, la aparición, el origen de la vida!*

En la Tierra, así como en el cielo, en todo el universo, el único elemento fundamental que existió desde el principio de la formación del universo es el fotón. Ni siquiera el hidrógeno, el helio o cualquier elemento sino tan solo el fotón. Menos probable que sea un extremadamente pesado complejo químico del tamaño de un átomo *primordial; hecho por compuestos o masas de todo un universo precedente, resultado de una singularidad.*

Cualquier existencia en cualquier punto del universo el fotón es el constituyente más básico. Eso significa que todo deriva del mismo elemento, del mismo patrón, el cual es el fotón.

¡Más aún, los seres vivos inteligentes derivan de los fotones, porque el fotón es el único elemento inteligente!

Hasta la temperatura de la cuna del nacimiento es la misma de 3 K en todas partes del universo, porque temperatura es radiación, energía cinética constituida por fotones.

Obviamente los compuestos inorgánicos y orgánicos fueron adquiridos para la formación de las vidas primitivas.

Las condiciones físicas, químicas, atmosféricas, geográficas, climatológicas así como la temperatura de la Tierra fueron adecuándose. Más importante aún la localización precisa del planeta Tierra en la zona confortable del sistema solar, en la zona confortable de la galaxia, haciendo posible la formación de oxígeno, agua, aminoácidos, ácidos nucleícos, glucosa, dióxido de carbón, nitrógeno. Posteriormente la formación de ARN y ADN, proteínas y otros compuestos vitales. Primero se formaron para las plantas y después para animales. Sin embargo, sin la acción de los fotones ningún proceso físico químico sería posible para la transformación de la OE en energía potencial, materia inorgánica a orgánica, para la formación de la vida. Tampoco sería posible el reciclaje de los gases tóxicos y material de desecho para un entorno saludable. La simbiosis entre plantas y animales intercambiando dióxido de carbón por oxígeno, los hacen dependientes unos a otros.

La habilidad del fotón como mensajero hizo posible la aparición del vital mensajero ARN, el cual transmite los códigos de formación de diferentes tipos de células. La formación del ADN hizo posible la transmisión de genes de generación a generación. Una vez más, cualquier transformación desde elementos ligeros a elementos pesados, desde elementos a compuestos, de compuestos a moléculas, de inorgánicos a orgánicos, de fotones a biofotones, ha sido imprescindible la energía del fotón, ha sido imprescindible la intervención del fotón mensajero, ha sido imprescindible la intervención combinada de fotones con electrones.

La Tierra tal como otros planetas posee su individualidad; su temperatura se encuentra aislada por el vacío; su composición es única. Setenta por ciento de la Tierra es de agua; el setenta por ciento del ser humano es de agua. Esto no es una coincidencia fortuita.

Es más, el agua es hecha de hidrogeno y oxigeno; el aire es de nitrógeno y oxigeno constituyen los elementos químicos más fundamentales que forman la vida. Por lo tanto, la vida se generó donde estos elementos abundan; están continuamente bajo el bombardeo de las radiaciones solares, cósmicas y radiaciones propias de la Tierra reaccionando, combinando, transformando, reciclando. Esto implica que la vida surgió de procesos multifactoriales como Fotogénesis, fotosíntesis y metabolismo donde la acción de fotones y electrones acondicionaron un medio ambiente y temperatura adecuada. La vida surgió cerca del agua, cerca del aire, cerca de las costas, en las zonas rivereñas, donde el desarrollo de la fauna y la vegetación tuvieron cabida.

Es obvio que la condición favorable a la biogénesis, la vida se originó en la Tierra y no que haya provenido de otros planetas u otros sistemas solares o de alguna supernova en forma de meteoritos. Los meteoritos solo pudieron haber contribuido en suministrar algunos componentes necesarios para la formación de los seres vivientes. Eso no equivale nunca que la vida haya tenido su origen a partir de meteoritos; de otro modo, tendríamos acompañantes hoy en otras localidades de donde supuestamente venimos. Habría entonces la posibilidad de que los seres terrícolas vayan a habitar de nuevo esos planetas o aquellos sistemas solares.

La Luna y otros planetas están llenos de cráteres causados por los meteoritos sin que hasta la fecha se haya desarrollado una sola célula. Es más, los meteoritos al ir penetrando las diferentes capas de la atmósfera se calientan por choque y fricción, quemándose, consumiéndose. Al impactarse contra la superficie de la Tierra se pulveriza y se evapora desintegrándose. Si el meteorito contuviera vida, la vida no sobreviviría. Es por eso que donde han caído meteoritos muy escasos restos o nada de ellos se encuentran, dejando solo el cráter vacío como tumba y lápida de recuerdo.

Por lo tanto, la vida se originó en la Tierra, principalmente debido a la transformación de fotones de baja frecuencia a biofotones de baja potencia energética. ¡Esto fue determinado por las condiciones específicas e intrínsecas de la Tierra que no existen en otros planetas! Uno de los factores más sobresalientes es el campo electromagnético de la Tierra el cual no solamente protege la Tierra contra las radiaciones dañinas sino que proporciona fotones idóneos que se transforman en biofotones.

La vida se originó en la Tierra y solamente en la Tierra de nuestro sistema solar. No somos extraterrestres provenientes de otros planetas, o de algún lugar de la Milky Way Galaxy. Que la Vía Láctea nos provee energía y algunos componentes que necesarios es otra cosa. La vida es autóctona de la Tierra gracias a la combinación de las condiciones sutiles de clima, temperatura, agua, aire, elementos químicos y físicos. Pero lo más sobresaliente de todas son las idóneas fuerzas eléctrica y magnética de la Energía Original que hizo posible la transformación de los fotones en biofotones de baja frecuencias los cuales concedieron la auto formación, multiplicación, replicación, mutación y el poder evolutivo de cada especie de los seres vivos, en el tiempo idóneo y el lugar correcto, el cual ha sido la Tierra.

Como los fotones comunes, los biofotones poseen la facultad de actuar como mensajeros transmitiendo órdenes, códigos o energía para las reacciones bioquímicas, biofísicas o biológicas donde los biofotones son absorbidos o liberados con diferentes rangos de frecuencias. Consecuentemente todos los seres vivos y plantas emiten o absorben biofotones.

Como se ha enfatizado, los fotogénes se localizan en los núcleos de los átomos y células, especialmente en las células reproductoras. Por lo tanto, los biofotones se concentran más en esas localidades. Ellos intervienen en los procesos reproductivos, mitosis celular, combinación de genes, regulación de hormonas, metabolismo, sistema de circulación sanguínea, intercambio gaseoso, desintoxicación y reciclaje de componentes bioquímicos. En el caso de los seres humanos donde existen órganos más especializados, existen biofotones especializados, ya no se diga en todas las actividades del sistema nervioso y cerebral.

Aves, peses y gran variedad de animales poseen órganos que usan ondas electromagnéticas para navegación, orientación, comunicación, defensa, ataques y atracción sexual. La impecable sincronización, organización en la formación volando o nadando es una muestra de la función de los biofotones. Más sobresaliente es la posesión de la espectacular fotoluminiscencia, de los organismos y peces de la profundidad de los océanos donde usan los biofotones para la iluminación, para visualizar, atacar, defender, atraer, comunicar y otras actividades.

Los receptores de la piel, boca, lengua y nariz, pueden diferenciar diferentes moléculas o detectar el grado de temperatura, usando diferentes frecuencias de ondas, especialmente los reptiles, los caninos, incluso los bebes humanos. Los receptores de la retina reciben todo el espectro de colores, los cuales son ondas electromagnéticas. Ellas son transmitidas por los nervios ópticos, hacia a las fibras de las radiaciones ópticas hasta el lóbulo occipital. Los receptores auditivos captan los sonidos por la membrana timpánica los transmiten al oído medio convirtiéndolos en impulsos electromagnéticos. Todos son ondas electromagnéticas convertidas en biofotones por las neuronas.

La acupuntura, método terapéutico milenario establece que poseemos un sistema circulatorio de energía el cual no ha sido comprobado por ningún método científico. ¡Si la existencia de biofotones en nuestro cuerpo está fuera de duda y la circulación de su energía forma parte esencial del ser viviente, estamos hablando del mismo sistema circulatorio de energía!

Taichí, yoga, meditación, aún los métodos convencionales de ejercicios han demostrado la activación y concentración de la energía de los biofotones, la cual mejora, incluso cura las enfermedades del cuerpo. ¡Por lo tanto, la existencia del sistema circulatorio energético debería ser reconocida y quedar fuera de toda duda!

Si algunas predicciones de los visionarios y psíquicos han sido verdaderas. ¿Cómo las harían? Si hacemos planes y predecimos los resultados. ¿Cómo los hacemos? Definitivamente son hechos con la Energía Original. La mente con la Energía O puede viajar hacia al pasado o hacia al futuro. Esta es la acción y poder de los biofotones

Desde el nacimiento hasta la muerte de las estrellas y galaxias, de las plantas y animales, desde bacterias a delfines, de hormigas a seres humanos, todos, todos hemos sido parte de los procesos de transformación de la energía. El mismo átomo de oxígeno, hidrógeno, carbón u otros elementos ha sido parte de todos estos materiales, de generaciones a generaciones, millones de billones de veces. La materia es una manifestación física de aquellas transformaciones. El clima es una metamorfosis de la energía. Pero sin la energía no habría habido esas transformaciones de la materia. La vida es una de aquellas transformaciones de inorgánica a orgánica, de abiongénica a biogénica.

Los biofotones son los elementos fundamentales en la circulación de la energía dentro de cualquier organismo viviente. Vida, espíritu toda la actividad cerebral se forma con la energía de los biofotones.

Los seres humanos han creído ser los seres superiores sobre los demás seres vivientes porque los humanos han dominado la Tierra y poseen la facultad de lenguaje (ondas de sonidos) para comunicarse. ¡Si supiéramos que los seres inferiores usan ampliamente los biofotones, ondas electromagnéticas de largos alcances para comunicarse que los seres humanos apenas estamos aprendiendo a usar!

La Tierra ha sido una esfera magnética con carga desde su formación que magnetiza y electriza todos los objetos materiales y seres vivos. Cada célula, cada órgano, cada ser vivo responde de generación a generación a las variaciones cíclicas del campo geomagnético de la Tierra. Esas variaciones determinaron la aparición, el desarrollo, evolución, incluso desaparicion de diferentes especies en diferentes épocas. Lo que implica que somos productos directamente derivados de las diferentes etapas de los campos electromagnéticos de fotones de la Tierra.

Cada individuo posee su propio específico biocampo con sus propias medidas de frecuencias y longitud de ondas. Pero todos los objetos o seres vivos están hechos de campo de resonancia magnético que pueden ser influenciados por campos magnéticos de otros.

La corriente eléctrica del cerebro puede crear un campo magnético que se extiende a varios metros fuera del cuerpo, determinando la afición o antipatía entre los individuos. Cualquier ser viviente posee su propio campo electromagnético, tal como los cuerpos celestiales que poseen energiasfera, el ser humano posee su energiasfera. No somos santos pero poseemos aura.

Cualquier célula especialmente la neurona es una unidad de carga eléctrica la cual induce la formación del campo magnético, ambos constituyen la unidad electromagnética. Cualquier actividad celular al fin de cuenta es un acto de una onda electromagnética del biofotón.

La teoría de la Fotogénesis postula que la vida es un proceso de absorción y emisión de fotones. Toda la vida consiste en la actividad y transformación de los fotones los cuales constituyen los procesos más *fundamentales. Nosotros captamos fotones de la luz, del sonido, de los alimentos, del aire, del agua, de la tierra, de todo lo que nos rodea y consumimos. Son los fotones combinándose con los electrones que nos mantienen vivos a través del metabolismo, catabolismo, respiración, circulación sanguínea, regulación endocrina, desintoxicación por medio del hígado, por los riñones y otros procedimientos bioquímicos fisiológicos. Nuestro cuerpo transforma esos fotones a menor frecuencia los cuales son ultra débiles biofotones. Entonces, nosotros emitimos ultra tenues biofotones mientras vivimos. ¡Por eso nos detectan los perros, gatos y otros animales así como los aparatos modernos!*

Nuestra actividad mental la forma la actividad de los fotones; la vida es una acción de los fotones. El equilibrio entre la centropía y entropía, orden y desorden, eléctrico y magnético es la pauta de salud o enfermedad, vida o muerte de nuestro cuerpo. Esto en realidad lo determina la actividad de la energía de los biofotones.

Cáncer es una hiperactividad electromagnética celular; la diabetes mellitus es una hipoactividad electromagnética celular. Por lo tanto la regulación del equilibrio eléctrico y magnético de las células, de los órganos, del cerebro, de las vísceras puede curar el malestar o enfermedades de nuestro cuerpo.

La fototerapia ha sido utilizada con éxito para el tratamiento de algunos canceres por el Ing. Wong Yet Kong en China. Si nuestra vida, nuestro cuerpo está constituido por fotones, esto no ha de ser una fantasía.

Hace tiempo el autor había señalado que así como existen sistema circulatorio sanguíneo, sistema circulatorio respiratorio, sistema circulatorio endócrino, ha de existir sistema circulatorio energético. Uno de los más antiguos métodos terapéuticos, la acupuntura ha confirmado esta afirmación. La acupuntura requiere mayor apoyo científico y es el camino que puede demostrar la existencia del sistema circulatorio de energía dentro del ser humano y de los seres vivos. Ese adelanto sin duda ayudaría a prevenir, a tratar las enfermedades.

Se puede afirmar que de la misma manera que tuvo su origen el universo material, formándose a partir de fotones a partículas subatómicas, hasta la formación de los cuerpos celestiales; lo más fundamental es la existencia de la Energía Original en cada núcleo celular de cada especie que le da el poder creativo, evolutivo, de replicación y reproducción en cada escalón. Es decir, la evolución sucesiva no solamente dependió de la superación de una especie a las adversidades en un tiempo y espacio determinado sino más que todo gracias a la posesión de la Energía Original que trascendió y se auto creó. Este es el factor determinante de la aparición de la vida, de distintas especies, cada vez más evolucionadas, más resistentes al entorno.

La vida es la continua absorción, combinación, emisión, transmisión, transformación de la energía de los fotones y electrones. ¡Consecuentemente, evolución es la transformación sin fin de diferentes tipos de fotones y electrones de diferentes combinaciones, etapa por etapa, entorno por entorno, especie por especie!

La TEO afirma que la biogénesis de los fotones codificados es el origen de la vida.

Si alguien me preguntara, si yo creo en la creación, yo diría que sí.

Si alguien me preguntara, si yo creo en la evolución, también diría que sí.

Los Fotones Originales crearon todos los fotones que nos crearon a través de la evolución por medio de la Fotogénesis. ¡Eso no implica nunca que seamos descendientes de simios, de changos o de King Kong!

Somos directos descendientes de los Fotones Originales.

AGUJEROS NEGROS
SISTEMA
DE
RECICLAJE

La teoría de la Energía Original establece que el núcleo de la galaxia proviene directamente de la Fotogénesis, Nucleogénesis desde el inicio de la formación del universo; es el centro de formación de todos los elementos materiales y de los cuerpos celestiales; es el lugar donde principalmente ocurre la Fotogénesis. La Energía Original forma el eje energético que rota la galaxia y los fotogénes forman las partículas subatómicas, átomos, masa y toda clase de material para formar estrellas y sistemas solares. En este estado el núcleo de la galaxia constituido por plasma de Energía Original y fotogénes es extremadamente pesado. La galaxia es productiva con un pequeño "agujero" rotatorio en el centro al que se le ha nombra en esta teoría como "agujero blanco" formado por la Energía Original.

Conforme se va consumiendo la Energía Original de la galaxia, el agujero se va agrandando. Al encontrarse exhausta de fotogénes, cesa la conversión de energía en electrones, positrones, partículas subatómicas y átomos ligeros, especialmente hidrógeno y helio. Entonces se consumen todos los elementos ligeros llegando hasta el carbón. Posteriormente se consumen incluso los elementos pesados. Entonces, cesan las reacciones nucleares fisión o fusión. Cesa la transformación de la energía cinética en energía potencial, incluso cesa la conversión de la energía potencial a cinética. Consecuentemente no habrá una presión eléctrica hacia afuera que se contraponga a la fuerza de colapso hacia adentro.

El eje y el núcleo se revierten convirtiendo la galaxia en Agujero Negro. Se inicia el proceso de Nucleolísis, produciendo múltiple implosiones, extremas vibraciones, pulverizando todos los materiales remantes, transformándolos en átomos. Los átomos se desintegran en protones, neutrones y electrones; los protones de carga positiva se neutralizan con los electrones de carga negativa. Alguna galaxia se convierte en un cuerpo neutro por un tiempo.

En el caso de las estrellas cuando la energía se agota, cesa la transformación de la energía de los fotogenes, agotando la formación de electrones y positrones, de partículas subatómicas, y de elementos químicos ligeros. Por ende cesa la reacción nuclear. Entonces, la fuerza de extroversión que es la presión eléctrica saliente ya no supera a la fuerza de introversión que es la fuerza absorbente de energía de Fotogénesis. El axis de energía se revierte, convirtiéndose en un núcleo no productivo. La presión de la energía de los fotones que durante billones de años se acumularon en la energiaesfera fuera de la estrella, supera la presión del cuerpo material de la estrella. Consecuentemente, sobreviene el colapso convirtiéndose el núcleo, la estrella y toda la energiaesfera en un agujero negro. Al convertirse las estrellas en agujeros negros toda la galaxia se colapsa convirtiéndose en Agujero Negro gigante.

El agujero negro es el lugar más oscuro del universo de donde deriva su nombre. Según la teoría del Big Bang, es donde ocurre el fenómeno de singularidad; donde toda la galaxia o estrella es comprimida infinitamente, convirtiéndose en un punto extremadamente denso, pesado y caliente; con una entropía sin retorno, donde ni la luz podría escaparse. Idea dominante desde el inicio del siglo veinte hasta la fecha, otro atributo de Einstein.

La teoría de la Energía Original afirma que los Agujeros Negros constituyen el sistema de reciclaje del universo. El agujero negro sufre una serie de implosiones, pulverizando toda la materia remanente convirtiendo todo en energía, en radiaciones de fotones. Este no es un proceso de singularidad convirtiendo toda una galaxia en un reducido, pesado átomo; es un proceso de Nucleolísis, proceso opuesto al de Nucleosíntesis de las estrellas, de las galaxias.

Lo que se detecta como "peso" del agujero negro es en realidad la fuerza implosiva convirtiendo toda la materia de la galaxia, sus estrellas, sus planetas, lunas y asteroides en masa. Después, la masa se convierte en moléculas, luego en átomos, después en partículas subatómicas y al final en energía de fotones y electrones. En seguida, los fotones de larga longitud de onda se van transformando en fotones de corta longitud de onda al ir absorbiendo la energía de los electrones. Esta es la forma ascendente de la Fotogénesis, formando fotones de menor frecuencia a fotones de extrema alta frecuencia.

Cualquier transformación es llevada a cobo por explosiones, tal enorme magnitud de transformación no sería la excepción. Pero ellas son implosiones, puesto que el agujero negro es un sistema cerrado. Parte de esa energía se escapa como jets proyectando energía a miles de años luz.

Dentro del agujero negro, las cuatro fuerzas: débil, fuerte, electromagnética, con mayor razón la fuerza gravitacional pierden el significado. La luz hecha de fotones, es parte de la fuerza electromagnética, obviamente no se escapa. Pero no porque los fotones de la luz tengan algún peso y la fuerza gravitacional del agujero es tan poderosa que atrae y absorbe a los fotones. Sino toda la materia, radiaciones, la energiaesfera alrededor del agujero será succionada y remolinada hacia a dentro del núcleo del agujero negro convirtiendo todo en fotones. Los fotones del espectro electromagnético común serán compactados, desde los de onda larga a ondas cortas; o sea desde radio a microondas, a infrarrojas, a luz de siete colores, a ultravioleta, hasta los de onda más corta que son los rayos X y rayos gama.

Pero hasta allí no para, los rayos gama se encogen, se compactan, se enrollan, absorbiendo la energía de los electrones. Como los electrones son los portadores de la energía se van agregando a los fotones en cada etapa, convirtiéndose los rayos gama en rayos extra gama que son fotogénes y rayos ultra gama, donde únicamente la potencia magnética persiste. La potencia magnética induce la formación de la potencia eléctrica formando nuevo campo electromagnético. El agujero negro viejo desaparece integrando la energía al universo. El nuevo "Agujero Blanco" puede transformarse en supernova posterior a una gran explosión. Nueva galaxia o nuevas estrellas y sistemas solares, pueden formarse según los códigos predestinados y la cantidad de energía que posee.

Esta es la forma como los agujeros negros contribuyen en la producción de radiaciones, agregando energía al universo. Aunados a los estallidos ultra gamas de las galaxias antiguas y a la radiación cósmica de microondas del inicio del universo, los agujeros negros aportan en gran medida las radiaciones y por ende a la continua transformación del universo.

De acuerdo con la teoría de la Fotogénesis, la Nucleolísis por los agujeros negros o sea la desintegración de los cuerpos celestiales o con mayor precisión: la transformación entre la energía potencial y energía cinética puede llevarse a cabo por los siguientes procedimientos:

1). Cuando la estrella o la galaxia se le agota el combustible o sea se le agota la Energía Original, la reacción nuclear de fusión se interrumpe. La materia remanente de las estrellas o de las galaxias se desintegra colapsándose. Pero el eje sigue rotando, colectando toda la materia, cenizas, radiaciones, convirtiéndose en agujero negro;

2). sobreviene una serie de implosiones, la masa de las estrellas, galaxias binarias o galaxia solitaria es succionada, remolinada y pulverizada en el agujero negro. Enorme cantidad de electrones se desprenden de los atomos elevándose extremadamente la temperatura;

3). el átomo o cualquier objeto material es bipolar, dentro de la materia los átomos se alinean en forma ordenada formando una fuerza unidireccional magnética. Sin embargo, dentro del agujero negro se desordenan por la violenta vibración y la alta temperatura. La potencia magnética se destruye, por lo tanto, la eléctrica, porque la potencia magnética no puede existir sola. Consecuentemente el campo electromagnético se destruye;

4). al quemarse todo, la carga eléctrica se pierde, neutralizándose protones con electrones. Esto trae como consecuencia la desintegración del campo electromagnético y la destrucción de la masa;

5). Todos los cuerpos celestiales poseen un eje constituido por la Energía Original. Al consumirse la materia causada por la degradación de la energía tiempo potencial, por el proceso de entropía, el eje se convierte en agujero negro. El agujero gira en sentido opuesto al sentido original; en vez de ser centrífuga cambia a centrípeta. De esta forma el agujero se convierte en un molino pulverizando todo material o radiaciones. La masa se convierte en compuestos, compuestos en átomos, átomos en partículas subatómicas; al final electrones y positrones;

6). entre electrones y positrones liberan una reacción termonuclear, elevando la temperatura trillones de trillones de veces más altas que la del Sol, donde átomo, partícula o cualquier masa se quema y se convierte en radiación. Bajo esa alta temperatura y presión, los gluones no funcionan no adhieren, no pueden formar partículas subatómicas ni masa;

Las radiaciones son hecha de fotones ordinarios los cuales sufren una serie de transformaciones compactándose, estrechándose, enrollándose adquiriendo mayor frecuencia al ir absorbiendo electrones. Luego, se convierten en rayos gama, después en rayos extra gama, incluso ultra gama. O sea se transforman en fotogénes y se reincorporan a la Energía Original.

7). la elevada temperatura y violentas vibraciones hace que la energía cinética llegue a su máximo mientras la energía tiempo potencial tienda a llegar a cero. La temperatura es extremadamente alta y la vibración muy intensa durante la fase de transición, contribuyendo a la desintegración total de la materia. Después, entra en acción la entropía, la temperatura disminuye paulatinamente incluso congelarse;

8). El eje de las estrellas o de las galaxias es una barra magnética, se mantiene girando mientras muele cualquier material existente. Sin el soporte de la corriente repulsiva eléctrica la estrella o galaxia vieja se colapsa. Esto significa que la fuerza gravitacional no es la fuerza que hace girar el agujero negro; la fuerza gravitacional concentra las masas en forma radial, no revuelve, ni rompe; solo podría comprimir la materia hasta convertirla en un súper denso átomo. Sin embargo, en realidad eso no es lo que sucede dentro del agujero negro. La fuerza gravitacional desaparece junto con la desaparición de la materia;

9). Los fotones se forman al pasarse un electrón de una órbita a otra órbita de menor energía. Los núcleos inestables expiden fotones para estabilizarse. La energía potencial al convertirse en energía cinética libera electrones. Nacen fotones donde quiera que se eleve la temperatura o exista una aceleración de las partículas con cargas eléctrica. Por lo tanto, todo el tiempo, en todos los procesos físicos o químicos se expiden fotones, con mayor razón en el agujero negro donde el fotón es el producto final de la demolición y el comienzo del nuevo ciclo de transformación.

10). durante el inicio y el desarrollo del proceso de reciclaje va aumentando la energía térmica y las radiaciones dentro del agujero negro por la degradación, reacción y quema de la materia. Contrariamente va disminuyendo la cantidad de masa, hasta desaparecer por completo la materia, quedando de este modo más y más fotones. Los electrones como buenos asociados de los fotones se unen a los fotones aumentándoles la frecuencia; fotones ordinarios del espectro electromagnético se convierten en rayos gama, después en extra gama incluso en rayos ultra gama, o sea con más elevada frecuencia que el espectro electromagnético. Es cuando el eje giratorio del sistema cerrado a presión del agujero negro se revienta proyectando radiación a chorro; jets a casi a la velocidad de la luz hacia ambos extremos del eje. Finalmente, el agujero negro se va enfriando, desapareciéndose del escenario, reincorporándose a la Energía Original del universo. Es en ese medio interestelar o intergaláctico congelado donde aparece a partir de la "*NADA*" nueva galaxia, nuevas estrellas.

11). Otra forma similar a la anterior es: posterior a la total conversión de la materia en radiaciones, dentro del agujero negro ya no habrá otra explosión sino hasta la formación de alguna supernova. Lo que demuestra que el agujero negro succiona todo lo existente a su alrededor, lo transforma en radiaciones. Luego concentra y compacta la energía donde ni la luz se le escapa, no por la fuerza gravitacional sino por el proceso ascendente de la Fotogénesis PAP. Al haberse absorbido todos los electrones la Energía se congela.

Posteriormente se convierte el mismo agujero en "agujero productivo", transformándose en un núcleo energético que sería una Nucleogénesis explota, naciendo una supernova.

Si el Modelo Cosmológico de Einstein tuviera razón; si el agujero negro fuese otra singularidad, reduciendo la galaxia en un súper pesado, caliente átomo de masa o de neutrones para siempre, tendría un impacto inmenso en el espacio-tiempo y el equilibrio entre los cuerpos celestiales por la fuerza gravitacional que se supone que posee. Ese fenómeno sería observable. El universo en vez de ser homogéneo e isotrópico, a la larga sería extremadamente accidentado, caliente, convirtiendo el espacio heterogéneo en un cementerio de átomos de la singularidad. Afortunadamente, cuando la estrella o la galaxia se encuentra exhausta de energía, la mayor parte del material ya se encuentra transformada en energía cinética, dispersado en el espacio de la energiaesfera del mismo sistema solar o galaxia. El resto se halla como cenizas; después, hasta las cenizas son convertidas en energía y se recicla. Esta es la forma como la Energía Original rige, mantiene el orden, el equilibrio y la conservación de la energía del universo.

El agujero negro por sí mismo demuestra que la fuerza gravitacional no es la fuerza que pudiera causar la singularidad, tampoco es la fuerza que integra el universo. ¡La fuerza gravitacional que siempre depende de la masa simplemente desaparece cuando la masa desaparece dentro del agujero! Lo que queda es solamente energía electromagnética de los fotones.

En este sentido, debemos distinguir galaxia productiva de galaxia no productiva. El núcleo de la galaxia productiva está constituido por energía en extroversión con un proceso de Nucleosíntesis; mientras que el núcleo de la galaxia no productiva (agujero negro) con energía en introversión, realiza un proceso de Nucleolísis y Fotonsíntesis que representa el estadio final de reciclaje de una galaxia. Ambos casos son opuestos, regidos por la Energía Original.

Es imposible que los agujeros negros pudieran ser las rutas de comunicación de nuestro universo con el multiverso. Para empezar, no son vías que se comuniquen al exterior. No debería conducir la energía a otros universos rompiendo el equilibrio y conservación de la energía, puesto que la cantidad de energía del universo se conserva en forma constante siempre. El agujero negro se convertirá íntegramente en energía y se integrará a la Energía Original para suministrar energía al universo y continuar las transformaciones sin fin. Pero el reciclaje tiene un fin que es mantenimiento y continuidad cíclica.

Dentro del agujero negro la magnitud de la reacción de degradación o sea la Nucleolísis nunca llega a la magnitud de reacción generativa, la Nucleosíntesis. Puesto que la cantidad de masa del agujero negro siempre es menor que la cantidad de masa del cuerpo celestial antes de convertirse en agujero negro. La estrella o la galaxia va consumiendo hidrogeno y helio, van desgastando su masa desde el inicio de su existencia. Por lo que cuando llega a transformarse en agujero negro su masa ya es mínima. Eso demuestra que al formarse el agujero, entra el proceso de desintegración final que es de reciclaje.

La temperatura del agujero negro al principio aumenta, elevándose trillones de veces más; conforme va disminuyendo la cantidad de la materia y la reabsorción de los electrones por los fotones, va disminuyendo su temperatura hasta igualarse a la del medio del universo que es frío.

Igualmente la cantidad de radiaciones y luminosidad va aumentando; mientras la cantidad de masa va disminuyendo. Conforme se lleva a cabo la conversión de materia a energía, la temperatura, radiaciones y luminosidad van disminuyendo y apagándose. A mayor velocidad se lleva a cabo la conversión de la materia en calor y energía, mayor luminosidad expide pero más pronto se acaba una estrella.

La teoría de la Energía Original ha insistido que cualquier cuerpo celestial consiste de una parte masiva y otra parte la energiaesfera que constituye el espaciotiempo; energía emanada desde el núcleo. Al ir consumiéndose la materia, aumenta la cantidad de energía cinética del espacio tiempo dentro de la energiaesfera. Al formarse el remolino del agujero negro todos los fotones y electrones que se encuentran en la energiaesfera son succionados hacia al eje electromagnético de la Energía Original. ¡Es por eso que todos los constituyentes de una galaxia o estrella con sus energiaesferas constituidas por fotones son remolinados al eje, donde ni los fotones tienen escapatoria!

La teoría de la Energía Original afirma que los agujeros negros constituyen el sistema de reciclaje del universo. El agujero negro es el estadio final de una estrella o galaxia o cualquier materia, en donde todo lo remanente de un cuerpo celestial es convertido en ondas de energía. Al ser un sistema cerrado, dichas ondas se compactan, se enrollan convirtiéndose en ondas gama, con la frecuencia más alta del espectro electromagnético. Las ondas gamas transcienden por la anexión de electrones a los fotones y se convierten en ondas extra energéticas que son fotogénes. Los fotogénes se reintegran a la Energía Original como ultra rayos gama.

SINGULARIDAD

La energía puede transformarse en materia y la materia puede convertirse en energía. Lógicamente la materia tangible del universo provino de una energía, la cual fue la Energía Original y solamente pudo haber provenido de esa específica Energía, única existencia Original. Al iniciar el proceso de Fotogénesis, las extremadamente compactas ondas de fotones se liberaron extendiéndose. Los fotones generaron electrones, comenzando la transformación de la energía cinética a energía potencial, una porción de la energía se transformó en materia. La fórmula de Einstein no tendría sentido si no fuese así, puesto que la energía es igual a la masa por la velocidad de la luz al cuadrado ($E=mc^2$). Si antes o inmediatamente después de la formación del universo no existía ni masa ni su velocidad, lógicamente la ecuación era igual a cero. ¡Hasta la fecha no existiría el universo, ya que no existía nada material!

La teoría del Big Bang refiere que el universo se formó a partir de una súper infinitamente concentrada y pesada masa primordial del tamaño de un átomo, producto de la singularidad. La masa era inerte, carecía de velocidad. Por lo tanto, no existiría ecuación, quedando solo un masivo átomo que no puede generar un masivo universo.

La misma fórmula demuestra que fue la Energía Original (EO) que se extendió y se transformó produciendo la acelerada masa. Entonces, tendríamos que modificar un poco la fórmula: $Eo=mc^2$. Eso expresa solamente la pequeña parte de la Energía Original embrionaria que se transformó en materia.

Todo el espacio se saturó de Energía Original, la cual en un determinado momento parte de ella se transformó en plasma primordial. ¿No sería precisamente el restante de la Energía Original esa "energía negra y materia negra" que todos hablan pero que nadie sabe de qué se trata? ¿No sería esta la doble personalidad o dualidad de la Energía Original en sus dos diferentes estados? Si la Energía Original fuese EO, la energía plasmática Ep, energía negra Eb y la materia negra Mb. Entonces, la energía plasmática que se convirtió en materia sería igual a la resta de la Energía Original total menos a la energía negra y materia negra: Ep=EO- Eb-Mb, la cual representa el cuatro por ciento de la materia que forma nuestro universo actual.

La TEO postula que la energía oscura y materia oscura vienen siendo en realidad estados transicionales de la EO.

De acuerdo a la teoría del Big Bang toda la materia que constituye los cuerpos celestiales y el espacio tiempo del universo habían sido condensados hasta el infinito. Al ir comprimiéndose todas las galaxias junto con el espacio-tiempo y la energía, la temperatura se elevó extremadamente hasta que todo un universo se convirtió en un átomo primordial. Esta fue la singularidad, el estado sumamente denso y caliente del inicio del universo. ¡El Modelo Cosmológico afirma que el inicio del universo fue exactamente a partir de esa singularidad!

La teoría General de Relatividad describe dos tipos de singularidad geométricas, la generalizada del inicio del universo y la focalizada de agujeros negros formados por galaxia o estrella en su fase final.

Para afirmar que el universo inició su formación a partir de la Singularidad el Modelo Cosmológico se basó en:

1). el incremento de las distancias entre las galaxias, que indica que el universo inició a partir de un punto;

2). la abundante presencia de elementos químicos ligeros en el recién nacido universo;

3). la presencia de las radiaciones de microondas provenientes del fondo del universo en todo el vacío, que indica que hubo un cuerpo termal en el inicio de la formación;

4). la homogénea distribución de los cuerpos celestiales y la isotrópica temperatura, el cual es el Principio Cosmológico.

La singularidad clásicamente descrita ha sido: todo el universo material, energía, espacio-tiempo fue comprimiéndose infinitamente por la fuerza gravitacional hasta convertirse en un átomo inmensurablemente denso; mientras se iba comprimiendo se elevó inmensurablemente la temperatura, sobreviniendo el evento del Big Bang. Eso indica que el universo inició su formación a partir de la Singularidad.

La Teoría de la Fotogénesis señala: la singularidad es un mito. No existe una sola fuerza o las cuatro fuerzas juntas del universo que sea capaz de condensar, comprimir un solo cuerpo celestial, menos probable comprimir el universo entero. Ya que la materia sometida a alta temperatura en cualquier estado sólido, líquido, gaseoso o plasmático incrementa miles de veces su volumen en vez de comprimirse. Si ese fenómeno de singularidad fuese posible, ya debería ser observable en el espacio. Al irse comprimiendo a presión y a extremadamente alta temperatura, la materia incrementa violentamente el volumen del "espacio tiempo", debido a que toda la materia se consumiría por el calor, convirtiéndose en fotones. Entonces, podría estallar, fenómeno opuesto a la singularidad que sí es posible y que se observa actualmente en el universo.

Ya hemos analizado los agujeros negros llegando a la conclusión en que es el sistema de reciclaje del universo, es la fase final de los cuerpos celestiales envejecidos, desgastados convirtiéndose en energía que es otra forma de la Fotogénesis. Por lo tanto, la singularidad focalizada de los agujeros negros es otro mito.

El Modelo Cosmológico no contempla la energiasfera en la singularidad, a pesar de que la energiasfera es la parte principal del universo. Para comprimir la energiasfera es aún más difícil que comprimir la parte masiva, porque la energiasfera está constituida por radiaciones de fotones y partículas subatómicas, es el reino del microcosmo donde la fuerza gravitacional no tiene poder.

La teoría del Big Bang afirma que la fuerza gravitacional era infinita y la entropía era infinita sin retorno. ¿Cómo pudo crearse algo tan grande como el universo conteniendo incontables estrellas y galaxias, a partir de una entropía infinita sin retorno? ¿Significa que una vez formado el átomo primordial no habrá nunca forma de desintegrarse?

La teoría de la Energía Original afirma que la fuerza gravitacional se formó después de la aparición de las partículas subatómicas y masas, millones de años después del evento del Big Bang. La fuerza gravitacional era tan débil que no era capaz de manifestarse todavía en el escenario macocósmico, mucho menos en el escenario microcósmico donde la fuerza gravitacional era nula. Recordemos que la fuerza gravitacional es casi inexistente a nivel micro cósmico, reino de fotones electrones y partículas subatómicas.

De acuerdo al Modelo Cosmológico, el Big Bang marca el inicio del universo. Sin embargo, existe una contradicción difícil de explicar: ¿Si el universo nació a partir de la nada, cómo se formó todo un universo material, espacio, tiempo para darle cabida a la singularidad previa al evento del Big Bang? ¿Cómo pudo suceder la singularidad para obtener el átomo primordial en fracciones de segundos; explotar y formar el universo en fracciones de segundos?

¡La singularidad *debería ser el último estadio de un precedente universo material, tuvo que haber sucedido antes, para que se formara un átomo primordial, luego darle cabida al cambio de fase, resultando el evento Big Bang! Pero la teoría del Big Bang niega toda existencia antes de este evento, afirmando que antes no existía nada.*

Por otra parte, después de la gran explosión resulta que la masa no se convirtió en fragmentos de masas, disparados en diferentes tamaños, a diferentes velocidades, en una forma anisotrópica y heterogénea como hubiera sucedido normalmente en cualquier explosión. En cambio, la formación del universo pasó de la nada, a un universo que sufre la condensación de la singularidad. Luego se pasó directo de una formación extremadamente masiva, constituida por todo tipo de compuestos químicos, enormes estrellas y galaxias a polvo a elementos químicos ligeros, distribuidos isotrópica y homogéneamente. Después se formaron las moléculas hasta llegar a masas, lo cual evidentemente es una contradicción tras otra. ¿Qué fuerza hizo estallar semejante denso, masivo y pesado átomo primordial formado por compuestos de elevado peso molecular, compuestos de complejas moléculas, voluminosas estrellas y galaxias? ¿Cómo pudo distribuirse homogéneamente?

De acuerdo con la teoría de la Energía Original, el universo derivó de una energía congelada que se convirtió en un globo de fuego. El recién nacido era una esfera de fotones y electrones sin la presencia de masa ni la de masa dependiente fuerza gravitacional. Por lo tanto, el evento del Big Bang solo representa un cambio de fase en algún tiempo, en alguna parte del espacio, de alguna manera en la evolución, millones de años posterior al nacimiento del universo.

La homogeneidad implica que el universo a grandes escalas se ve igual en todas partes, no importa quién y desde dónde lo observe; implica que las leyes físicas son universales en cualquier parte del universo; eso no impide a que cada cuerpo celestial, cada región, en cualquier época tenga su individualidad pero en cada estado, cada época de la evolución del universo siempre guardan esa homogeneidad. La isotropía implica que la distribución de las radiaciones y temperatura son iguales en todas direcciones del universo. ¿Cómo pudo suceder este Principio Cosmológico, si el átomo primordial era la material más densa y dura que nunca jamás ha existido, donde no tenía cabida espacio tiempo?

La teoría de la Energía Original establece que el Principio Cosmológico ha sido posible, más bien, debido a que:

i).   Toda la existencia del universo derivó del proceso de Fotogénesis;
ii).   Derivó del mismo origen de emisión que fue la formación de energía embrionaria;
iii). Derivó de los mismos elementos los cuales fueron los fotones ultra energéticos y electrones;
iv).   Emitidos del mismo globo de fuego donde los fotones fueron extendiendo la longitud de onda;
v).   El eje rotatorio de la Energía Original del universo ha estado mezclando, revolviendo y distribuyendo energía y materia, desde el inicio, hasta ahora y para siempre de la evolución.

Por todos estos factores es como resultó la homogeneidad e isotropía.

De acuerdo con la teoría de Fotogénesis, el universo se formó por la extensión, desenrollamiento de las extremadamente compactas ondas de la Energía Original. Consecuentemente, siendo la singularidad un revés proceso de la Fotogénesis, la singularidad debería ser una reducción progresiva de las ondas electromagnéticas. Eso implica que la Fotogénesis tiene dos procesos principales: la extensión y desenrollamiento de las ondas de los fotones ultra energéticos a fotones de longitud de ondas cada vez más largas pero menos energéticas, suceso que se presentó durante la formación del universo.

El otro proceso consta en el plegamiento, reducción de la longitud de onda de los fotones de baja frecuencia que van absorbiendo electores, convirtiéndose en fotones cada vez más compactos más enérgicos. Dicho de otra forma: la Fotogénesis consta de la transformación de la energía cinética a energía potencial la cual sucedió y sucede en la formación de las galaxias, estrellas y del mismo universo; otra es la transformación de la energía potencial a energía cinética la cual sucede continuamente en el desgaste de los cuerpos celestiales pero más evidente e intensamente en los procesos de reciclaje en los agujeros negros.

Si algún día la singularidad sucediera en nuestro sistema solar, el hidrógeno y el helio, toda la materia, combustible del Sol se agotaría al grado crítico, la fusión, reacción nuclear se pararía. Entonces, agotado de energía, el Sol se expandiría. El calor y el fuego harían que los planetas y sus lunas explotaran uno por uno, convirtiéndose todo en radiaciones. El sistema solar entero sería un globo de fuego inflado por los fotones. Ese fenómeno sería completamente opuesto a la singularidad descrita clásicamente en el Modelo Cosmológico.

Si la singularidad clásica tuviera que suceder en el sistema solar, todos los planetas y sus lunas deberían alinearse y acercarse más y más al Sol en vez de alejarse.

Lo más factible que sucediera, sería que al sufrir un desbalance en el equilibrio de la fuerza gravitacional y electromagnética del sistema solar, los planetas se colisionaran entre sí. A la vez, explosiones sucesivas de los planetas causados por el calor del sol, convertiría el inflado sistema solar en nébula.

Otro fenómeno pudiera suceder al sufrir el desbalance gravitatorio regional, alguna estrella o galaxia cercana absorbiera todo el degradante sistema solar. Pero ese no sería una singularidad, sino una colisión o anexión.

La realidad es que mientras el Sol está vivo, su masa gaseosa se va consumiendo convirtiéndose en energía, esa energía va formando parte de la energiasfera. Al irse agotando la materia del sol ocurriría el desbalance del sistema solar: el peso de los planetas, sus lunas y las zonas de asteroides sería mayor que el peso del esquelético Sol. Por lo que la fuerza de gravedad de los planetas sería mayor. ¿Cómo ocurriría la singularidad por medio del Sol, donde la fuerza de gravedad cada vez sería más débil conforme se va consumiendo? Si en vida del Sol la fuerza gravitacional no pudo provocar la singularidad, mucho menos ocurriría a merced de sus restos en agonía.

Por la misma razón, eso no sucedería en la galaxia Milky Way u otras galaxias, puesto que mientras la galaxia se encuentra activa, poseyendo extremadamente fuerte fuerza gravitacional, la singularidad no ha sucedido, menos cuando la galaxia no quede ni la sombra de lo que había sido. Lo mismo se podría deducir de todo el universo.

Si el pan singularidad tuviera que suceder a nivel universal, y si en verdad la fuerza gravitacional fuese la causante de la singularidad, el universo debería tener un núcleo central pesado. Poseer una zona central densamente poblada por cuerpos celestiales la cual tendría una fuerza gravitatoria mayor que la fuerza de expansión. Ese núcleo o zona central de mayor peso ejercería mayor atracción y contracción que la de la periferia del universo. Eso pararía o impediría que las galaxias se esparcieran, por ende impediría la expansión del universo. Ese fenómeno de mayor peso en el centro ya sucedió durante el inicio de la formación del universo. Entonces, la singularidad ya hubiera haber sucedido mucho antes, pero las fuerzas repulsivas de la explosión e inflación fue mayor; la fuerza de extensión de la energía ultra compacta fue mayor, por lo que el universo no se colapsó.

Una vez que entre en acción la entropía o sea la ley de la degradación, las cosas irían de mal en peor. Al entrar al grado crítico de agotamiento nuclear en los sistemas solares incluso en el núcleo de la misma galaxia entraría en acción el proceso de reciclaje, por medio del agujero negro. La galaxia entera se colapsaría.

La fuerza gravitacional es una fuerza aislada, una fuerza de agrupamiento donde cada grupo jala agua a su propio molino, haciendo que el pan singularidad del universo sea imposible. Solamente el procedimiento de la transformación convirtiéndose toda la materia en energía, y después comprimirse la longitud de ondas de los fotones, del campo electromagnético del universo, de la red estructural del universo entero, puede hacerse posible la singularidad.

Supongamos que la pan singularidad tuviera que suceder, explosiones generalizadas sucedería; toda la materia, toda la masa se convertiría en átomos. La violenta vibración desordenaría toda la superposición de los átomos. La temperatura se elevaría trillones de trillones de grados, los electrones se dispararían fuera de los átomos y los núcleos se convertirían en partículas subatómicas. Los gluones dejarían de conglomerar, las partículas subatómicas se desintegrarían convirtiéndose en fotones. Toda la energía potencial del universo se convertiría en energía cinética la cual es de fotones con la velocidad de la luz. El universo sería un globo de fuego donde solamente existirían fotones.

La teoría de la Energía Original afirma que el fotón es la asociación de electrón con positrón, donde la pequeña masa se consume y las cargas se neutralizan, dejando al fotón sin carga ni peso. Bajo la inmensurable temperatura el electrón se separaría del positrón, pero no se transformarían en fotones de menor frecuencia. Contrariamente, serían absorbidos por otros fotones aumentando su frecuencia. Los fotones de menor frecuencia y mayor longitud de onda se irían compactando convirtiéndose en fotones gama que son fotones de máxima frecuencia del espectro electromagnético común. Más electrones serían absorbidos por los fotones haciéndose más enérgicos, formando fotogénes. Los fotogenes absorberían todos los electrones, incluso a otros fotones de menor frecuencia, incorporándose a la Energía Original.

La anexión de los electrones a los fotones haciéndose más energéticos, elevándoles su frecuencia, es una absorción de la energía. Este proceso consume toda la energía por lo que la temperatura irá disminuyendo en cada etapa. El campo eléctrico y *el campo magnético cada vez serán más reducidos y no estarán en forma perpendicular. Los fotones pierden velocidad, reduciendo el campo electromagnético. Al final todos los electrones serán absorbidos por los fotones. Un proceso ascendente de la Fotogénesis, al cual quizás pudiéramos llamarle Fotonsíntesis.*

Cualquier proceso termal llega a la entropía, la temperatura disminuirá progresivamente hasta llegar cerca del cero Kelvin. Todas las actividades Nucleogénesis, Nucleosíntesis, fotosíntesis, reacciones termonucleares cesarían. El universo entero entraría en el proceso de Nucleolísis, se reducirá de tamaño al reducirse extremadamente la longitud de ondas, colapsándose toda la maya estructural electromagnética de la Energía Original. El universo se congelaría quedando un número reducido de fotones inmensamente enérgicos sin campo electromagnético, unos ángeles sin alas que poseen todas las informaciones, todos los códigos, toda la energía; como una semilla para formar un nuevo universo.

Por otra parte, debido a que la fuerza gravitacional no es la fuerza que gobierna, no es la fuerza que sostiene el universo material, la singularidad como ha sido descrita y definida no sucederá. Si algún día ocurriera la singularidad, la materia visible y el plasma invisible (la Energía Original restante transformable) del universo, matemáticamente se convertirán en el equivalente de Energía Original. Eso no será por el efecto de la fuerza de gravedad, la singularidad, ya que al desaparecer la materia, desaparecería la masa dependiente fuerza gravitacional, la cual además es la fuerza más débil. El espacio no es un cementerio de estrellas, galaxias u otros objetos masivos que se van convirtiendo en extremadamente pesados átomos, causados por la singularidad.

Si esta afirmación causa controversia: ¿Qué fuerza sostiene a los escasos cuerpos celestiales y la materia en la periferia del universo? Incluso fuera del mundo material, en el resto del espacio, donde la fuerza de gravedad es 0, o más bien inexistente. ¿Qué fuerza sustenta allí? Categóricamente es la Energía Original. Ninguna fuerza de gravedad sea de algún sistema solar o galaxia o de un conjunto de galaxias podrían mantener el universo como un todo.

De todos modos, la materia constituye tan solo el 4% del universo. Podríamos preguntar: ¿cuál sería el mecanismo de la singularidad para convertir el resto del 96 % de la "energía oscura y materia oscura", si es que en realidad existen, en un súper pesado, caliente átomo o punto?

Podemos resumir que:

¡La singularidad por ningún concepto puede ser el inicio de la formación del universo; la compresión de todo un universo hasta la formación de un átomo primordial es un mito!

¡La singularidad del Hoyo Negro comprimiendo una galaxia infinitamente sin retorno es otro mito!

La teoría de la Energía Original determina que el fotón es onda, posee un límite mínimo de vibración; no podría llegar a cero Kelvin porque dejaría de vibrar y la onda se convertiría en línea recta. ¡Esto significaría la muerte de toda existencia! es como cuando el electrocardiograma se convierte en una línea recta.

Si de verdad el universo entrara en el proceso de entropía sin retorno, la extensión de las ondas de los fotones seria infinita. Esa sería la maldición "de polvo viene y a polvo se convertirá". No habrá una transformación cíclica.

¿No sería *esta la verdadera singularidad?*

ESTADO ESTÁTICO

DURANTE siglos se creyó que el universo permanecía inalterable, encontrándose en un estado estático permanente. La discusión llegó al clímax en el siglo pasado, incluso después de la confirmación del alejamiento entre las galaxias, resultado de la expansión del universo. El descubrimiento de la presencia de las radiaciones de microondas provenientes del inicio de la formación termal del universo, con una distribución homogénea e isótropa, marcó el final de la discusión.

Sin embargo, de acuerdo a la teoría de la Energía Original, el aparente Estado Estático Transitorio del universo ha sido dado irónicamente por:

i). *la inalterada radiación de microondas con una temperatura que se mantiene en 2.725 Kelvin en el vacío;*

ii). *la isotropía y homogeneidad;*

iii). *la equilibrada transformación entre la energía cinética y la energía potencial;*

iv). *el sistema de reciclaje y la conservación constante de la energía por medio de los agujeros negros. Consecuentemente mientras unos cuerpos celestiales nacen, expanden otros se convierten en fotones, en Energía Original y vuelven a formarse en cuerpos celestiales, manteniendo un aparente inalterado estado;*

v).   *el largo tiempo de millones, billones incluso trillones de años que duran los cuerpos celestiales, con la apariencia permanente e inalterable, en sus aspectos, posiciones, tamaños, distancias y sus relaciones en el ámbito macrocósmico. Hecho dado por el reciclaje y reúso continuo de los fotones y electrones en el núcleo;*

vi).   *y por qué no reconocer que es por nuestra corta vida y poca visión que no acabaríamos, ni alcanzaríamos de ver todo en una forma panorámica.*

Sin embargo, la transformación más *intensa ocurre a nivel microcósmico, entre* átomos, entre *partículas subatómicas, entre fotones y electrones.*

El equilibro eléctrico, magnético o sea el equilibrio de los campos electromagnéticos son los responsables del Estado Estático Transitorio.

Nos preguntamos: ¿Por qué los cuerpos celestiales, todo el sistema solar, las galaxias, hasta el pesado y enorme clúster pueden mantenerse suspendidos en un lugar determinado del espacio sin precipitarse, sin mezclarse, sin caer en desorden en el cielo? ¿Por qué el universo es tan ordenado y lógico? Eso se debe a que todos los cuerpos celestiales existentes en el universo se encuentran unidos por la energía potencial de los fotogénes, están suspendidos dentro de la energiasfera, dentro de la maya estructural de la Energía Original, dentro del espacio de las persistentes radiaciones de microondas. Por eso los vemos siempre iguales sin alteración.

Los cuerpos celestiales se encuentran en estrecho contacto no directamente cuerpo a cuerpo por sus masas, sino unidos por medio de la energiasfera en una forma globular. Nosotros solo vemos la Luna, el Sol suspendidos, ni siquiera en el aire sino en el vacío, vacío ocupado por radiación de fotones. Pues ese vacío está lleno de fotones, electrones y algunas partículas subatómicas, que forman la parte más grande de los cuerpos celestiales, limitándolos, sosteniéndolos, separándolos por medio de sus cargas eléctricas y magnéticas formando la energiaesféra y el vacío.

Por el contrario, si el universo hubiera surgido de un súper concentrado átomo material tal como la teoría del Big Bang afirma, la primera etapa del recién nacido universo debería haber sido de fragmentos materiales, no de energía cinética tal como se ha comprobado. El estado estático debería haber sucedido después del periodo de inflación, puesto que ya no habría más materia que transformar. Pudiera entrar en caos, puesto que solo se sostienen por la fuerza gravitacional. Además, como para la teoría del Modelo Cosmológico no existe ningún sistema de reciclaje, ya que todos los cuerpos celestiales acaban en extremadamente densos, calientes, súper átomos por medio de la singularidad. El universo no seguiría expandiendo aun si parte de los cuerpos celestiales se convirtieran en energía. El universo llegaría a su fin muy pronto.

DESTINO
DEL
UNIVERSO

La teoría de la Energía Original afirma que el universo nació de una pequeña formación de Fotones Originales ultra energéticos, en donde los fotones se encontraban congelados sin actividad eléctrica ni magnética. Consecuentemente, con un campo electromagnético reducido. El universo era sin rastros de masa, sin cuerpos celestiales, sin la fuerza gravitacional.

El eje magnético comenzó a girar, induciendo la formación del componente eléctrico activándose el proceso de Fotogénesis. Los fotogénes comenzaron a generarse, extenderse, desdoblarse, desenrollarse, transformando la energía en energía cinética librando enorme cantidad de electrones. El calor se elevó inmensurablemente, los fotones volaron con la velocidad mayor que la velocidad de la luz. Nace el universo como un globo de fuego expandiéndose, inflándose formando la maya estructural y el espaciotiempo.

Cualquier comienzo tiene un fin, nuestro universo terminaría un día. Basándonos en esta afirmación y la ley de conservación de la energía donde establece que la energía ni se cría ni desaparece, solo se transforma. Por lo que no sería difícil de predecir el destino del universo.

Se ha señalado que la Energía Original forma el eje de todos los cuerpos celestiales; forma la red estructural del universo; es la fuerza que originó, expandió y sigue expandiendo todo el universo material por medio de la extensión de la longitud de onda.

Los fotogénes son los transformadores, la fuerza que genera todo material existente desde el núcleo; la fuerza electromagnética que soporta y mantiene a los cuerpos celestiales atraídos para formar sistemas solares, galaxias, clústeres de galaxias.

La EO y los fotogénes ocupan el noventa y seis por ciento del espacio del universo; llegan más allá donde han llegado las galaxias más antiguas. Podrían seguir extendiendo sus ondas, formar más *cuerpos celestiales y formar mayor espaciotiempo.*

La teoría de la Energía Original afirma que el universo está formado por un sistema abierto, aun si la entropía ocurriera no terminaría en caos. Cuando el calor se convierte en otra forma de energía, como eléctrica o magnética, siempre se pierde energía. Pero la energía de cada cuerpo celestial siempre se encuentra aislada dentro de la energiasfera por medio del vacío, espacio interestelar e intergaláctico donde existen intercambio de radiaciones. La teoría de la EO afirma que la energía es el quinto estado de la materia, por lo que el desgaste de la energía solo se traduce en una transformación, en un cambio de fase.

Existe abundante suministro de energía a partir de la Energía Original la cual forma una fuente inagotable. Aunado al continuo reciclaje de los cuerpos celestiales envejecido transformando la materia en energía por medio de los agujeros negros. Existe un estado de predominio energético en vez de predominio material. De este modo la Energía Original asegura un sistema energético en permanente transformación sano y estable en el universo.

¡Por lo tanto, el universo se encuentra lejos de su fin!

Existen predicciones Mayas, religiosas, místicas, incluso científicas que afirman que el mundo o el universo se acabarán en tal o cual fecha. Para la teoría de la Energía Original todas las formaciones materiales pueden quedar exhaustas de energía, es cuando se desintegran y acaban; pudieran convertirse en hoyo negro. Pero gracias a la conservación de la energía en forma cinética o potencial, vuelve la interminable transformación, mas no desaparecer para siempre. El problema está en que no existen todavía métodos realmente científicos que pudieran calcular matemáticamente la cantidad de energía que cada cuerpo contiene, el índice de consumo y la fecha en que la transformación cíclica acaba y comienza de nuevo. Debemos ser conscientes de que la transformación es constante.

El mundo no se acabó en 2012 tal como predijo la teoría de la Energía Original, puesto que el sistema solar y la Tierra aún contienen enormes cantidades de Energía Original.

Las ondas del mar se propagan por medio del agua, el sonido se propaga a través del aire; las ondas de señales de HD de TV se propagan por cable; las ondas electromagnéticas se propagan por cualquier medio. ¿Cómo se propagan las ondas de los fotones? Las radiaciones cósmicas de microondas provenientes del origen del universo han demostrado que los fotones se propagaron y siguen propagándose por sí mismas a través del campo electromagnético, a través de la red estructural del universo, formado por la Energía Original. Las radiaciones de microondas cósmicas han demostrado también que la longitud de onda de la Energía Original siguió extendiéndose progresivamente.

Estas extensiones deberían tener un límite donde ya no se pudieran extenderse o si siguieran extendiendo perderían el efecto. Por lo tanto, si el universo llegara a su fin, todo el universo material se convertiría en radiaciones; las ondas se retraerían, reduciendo la longitud de onda hasta llegar a su forma original.

La teoría de la Energía Original establece que si el pan singularidad debiera de surgir, si el universo debiera de terminar, explosiones de todos los cuerpos celestiales materiales debería de suceder en todas partes del universo. Toda la formación material se desintegraría dentro de los agujeros negros primero. Después, todos los agujeros negros confluirían para formar un gran agujero negro y convertir toda la materia en energía. Los fotones de menor frecuencia absorberían todos los electrones que se encuentren a su paso. La longitud de onda se reducirá más y más hasta convertirse totalmente en fotones gama. Los fotones gama absorberían la energía de los electrones convirtiéndose en fotogénes. Luego los fotogénes absorben fotones de menor frecuencia y electrones restantes transformándose en Energía Original. Toda la energía del universo se compactaría, se retraería. Los fotones reducirán su población pero serían inmensurablemente enérgicos. La rotación eléctrica y la vibración de las ondas magnéticas se pararían. La red estructural electromagnética se reduciría y se retraería.

La temperatura ascenderá a trillones de trillones de grados por las múltiples explosiones al principio, pero al ser absorbidos los electrones por los fotones del espectro electromagnético común y estos por los fotones ultra energéticos, la temperatura irá disminuyendo. Aunado a la acción de la entropía, la temperatura pudiera descender hasta llegar a casi cero Kelvin.

Solamente la Energía Original persistirá y entrará a un estado de hibernación.

Una nueva transformación surgirá, naciendo un nuevo universo.

Actualmente la Energía Original aun es infinitamente vasta, por consiguiente su poder de transformación. El universo será longevo.

Mientras, al parecer el universo seguirá transformándose por tiempo indefinido. Es predecible que más y más materia estrellas y galaxias se transformarán a partir de la Energía Original. A la vez los agujeros negros seguirán reciclando todo el material envejecido. El universo seguirá expandiendo porque las ondas ultra energéticas todavía siguen extendiéndose. El estado estático nunca sucedería, por la existencia del sistema de reciclaje regulatorio y la inmensurable cantidad de Energía Original que todavía puede transformarse. Existe un espacio ilimitado por donde el universo puede seguir creciendo.

El Modelo Cosmológico ha establecido que el destino del universo depende de la densidad de la materia y el índice de expansión del universo. Significa que depende de la fuerza constrictiva gravitacional y la Constante Cósmica dada por la fuerza repulsiva gravitacional. Dando entender que la misma fuerza gravitacional tira hacia afuera y jala hacia adentro.

El universo creado por el Big Bang pudiera tener tres formas de cómo se acabaría:

Gran desintegración: al distanciarse las galaxias causado por la excesiva expansión del universo, rebasaría la fuerza de atracción gravitacional, el universo terminaría en la total dispersión;

Gran encontronazo: al ser más fuerte la fuerza de contracción gravitacional que la fuerza repulsiva gravitacional, al final chocarían todos los cuerpos celestiales, deshaciéndose en un caos;

Gran congelación: bajo la acción de la singularidad, el destino de todos los cuerpos celestiales es convertirse en súper átomos. Se ha afirmado que dentro del agujero negro, la acción de la entropía no tiene retorno. La temperatura descendería hasta cero Kelvin. El universo se convertiría en un cementerio de minúsculos cuerpos celestiales inertes congelados.

¿Nadie sabe cuál de los tres sería?

Al límite del universo material, en donde no existe ni tiempo ni espacio; en la absoluta inexistencia cósmica, lo más difícil de sustentar, incluso de imaginar para la teoría de Big Bang es: ¿En dónde termina el universo material? ¿El universo está dentro de una hermética cerrada cápsula? ¿El universo del Big Bang termina antes, donde las galaxias más viejas han llegado? ¿Seguirá expandiendo o creciendo hasta que quede vacío el centro y toda la materia se sitúe a la periferia? ¿Seguirá separándose infinitamente los cuerpos celestiales hasta que desaparezca la fuerza de gravedad entre ellos? ¿Cómo ocurrirá entonces la singularidad? ¿Significa que el universo está próximo a su fin? ¿Qué habrá fuera del límite?….

No existe respuesta convincente para la teoría del Big Bang.

La teoría de la Energía Original afirma que el cosmos es infinito y eterno. Esa posibilidad solamente puede ser porque el espacio del cosmos esté sostenido y llenado por la Energía Original, por lo que habría más universos alrededor de nuestro universo. Entonces, nuestro universo sí llegaría a los límites del espacio. Pudiera también que de la misma Energía Original surgieran múltiples universos y todos sigan expandiéndose, dividiéndose, multiplicándose, pero limitándose por sus energiaesferas.

Sin embargo, toda existencia material tendrá un final; nada durará hasta la eternidad como física existencia. Solo la transformación cíclica de la Energía Originales es eterna.

DESTINO
DE LA
HUMANIDAD

Naturaleza es la forma como la Tierra, el sistema solar, la galaxia, el universo y todas las cosas toman su camino naturalmente. Eso no significa que la naturaleza transcurra suavemente con guante de seda. La naturaleza toma acciones con enorme cantidad de energía; la naturaleza establece el equilibrio: isotropía, homogeneidad, diversidad, convivencia. La naturaleza impone orden con extrema intensidad de su propia fuerza que es la fuerza de la Energía Original. Nosotros sufrimos por los terremotos, huracanes, volcanes, tornados, tsunami, diluvios, inundaciones, sequías, fenómeno del niño, de la niña, incluso tan solo por calor o frío. Pero esa es la fuerza necesaria para cambiar o corregir las alteraciones; esa es la fuerza que naturalmente hace posible la transformación, la evolución. Ese pudiera ser uno de los múltiples estadios de la evolución natural.

¿Podríamos *los inteligentes seres humanos permitir que la naturaleza evolucione naturalmente? ¿O los seres inteligentes mejor conquistar la naturaleza alterándola? Eso es al parecer lo que determina el destino, la elección inteligente de la humanidad. La preferida autodestrucción:*

alterando la naturaleza, el medio ambiente, la atmósfera y la diversidad; peleando, guerreando, arrebatando, matando. ¡Convertir *la Tierra en un globo de fuego!*

Tarde o temprano, la madre Tierra se saturará de seres humanos y sus asentamientos; tarde o temprano la Tierra madre será excesivamente explotada; los recursos naturales se agotarán y la contaminación estará fuera de control. Los seres humanos rogarán al cielo por más pan y agua; rogarán por lo que nunca a nadie le importó, nunca se preocupó.

Quizás como nuestros ancestros desearíamos tener un Dios para cada desgracia que enfrentamos. ¡Ojalá hubiera un Dios todo poderoso contra la inseguridad, violencia, dictadura! ¡También que hubiera un Dios contra los mata intelectuales, quienes con tal de quedarse con el poder hasta la eternidad mantienen al pueblo ignorante, aislado, exterminando cualquier ser consciente!

¿Habrá un día en que la humilde reflexión permita al ser humano percatarse de que hay que respetar, proteger, recrear e incluso restaurar el medio ambiente? ¡Somos dependientes de la cadena alimentaria, antes *de exterminar plantas y animales, nos ahorcaríamos solos!*

Hemos empezado a contaminar el espacio, si este hábito destructivo lo lleváramos a algún planeta, no les extrañe que los extraterrestres nos expulsen, incluso venir a aplicar la bien merecida represalia. Sin saber que el espacio es nuestro futuro; el espacio es parte de nuestra vida, nuestro hogar.

El cuerpo, el cerebro están constituidos por materia, son objetivos; la consciencia, la mente y otras actividades cerebrales están hechas de energía, son subjetivas. Materia y energía se han incorporado para hacer una unidad funcional.

Los cuerpos celestiales están constituidos por materia, son objetivos; las cuatro fuerzas que constituyen la energiaesfera dentro y fuera son energías, son subjetivas. Todos se han incorporado para formar una inseparable unidad funcional.

Las neuronas, el endotelio del corazón y de las arterias; el endotelio de la córnea son estructuras que duran toda la vida sin reproducirse ni regenerarse. Pero ellas desempeñan sus complicadas funciones como un día, toda la vida. El secreto no solamente está en la estructura material que las constituye, más bien está en la capacidad de transformar la energía en funciones que el organismo requiere.

Los genes que constituyen los seres vivos, desde el más primitivo hasta el más complejo, como los seres humanos son muy similares, varían solo un pequeño porcentaje. El mismo átomo, los mismos compuestos han sido parte de muchos seres u objetos durante miles de millones de años tanto en la Tierra como en el espacio. Lo que hace la diferencia entre todos es la Energía Original que contienen; la constante transformación de la energía que esas estructuras de cada especie ha sido capaz de realizar.

Tan pronto como se formó la Tierra, hace cuatro mil quinientos millones de años, los seres primitivos también comenzaron a formarse a partir de un componente básico, una estructura ultramicroscópica, a la que he llamado Biogén. El Biogén existió y se ha conservado hasta el día de hoy en todos los seres vivientes. Se ha transmitido a través de la evolución a cada individuo, a cada especie y en todas las eras. Pudiera ser compatible para todos; pudiera ser usado en los procedimientos de implantes y trasplantes en la medicina sin el riesgo de rechazo. Ese tronco común ha de provenir y contener la Energía Original.

Sin embargo requiere de más estudios e investigaciones para su hallazgo y confirmación. Este tronco común en realidad es de Energía Original constituido por biofotones, los cuales son el origen de la vida.

Tenemos el privilegio de vivir en el planeta Tierra y ser los seres humanos conscientes. ¡Irónicamente no sabemos de qué estamos hechos! Todas y cada una de las actividades sobre la Tierra proviene de la luz solar, del calor del Sol, combinados con los fotones provenientes del cosmos y de la propia Tierra. Eso significa que proviene de los fotones, de las ondas electromagnéticas. Por medio de la Fotogénesis y fotosíntesis los fotones se convirtieron en biofotones. Los biofotones constituyen toda la estructura del cuerpo y forman la energía funcional de todos los seres vivientes, incluyendo el alma de los seres humanos.

¡Consecuentemente somos hechos de ondas con fotones cuerpo y alma, tal como está hecho el universo entero!

La Energía Original no solamente le dio origen a todo lo existente sobre la tierra y el cielo, sino que además los situó en un entorno, en un espacio y un tiempo específico. Determinando así su existencia en el micro y macrocosmos.

Durante más de cuatro mil millones de años, la Tierra se ha transformado magnéticamente y físicamente incontable de veces, tal como el clima y el tiempo. Durante este tiempo, los seres vivientes han aparecido, nacido, evolucionado, desarrollado, muerto, renovándose sucesivamente de generación en generación, especie a especie. Los seres humanos pudiéramos correr la misma suerte, incluso desaparecer del mapa como lo que sucedió con los dinosaurios.

Las fuerzas que hicieron posible esas transformaciones han sido la energía del Sol, de la Tierra, incluso extra estelar. La Tierra seguirá transformándose, el Sol seguirá transformándose. Por lo tanto, los seres humanos se transformarán.

La diferencia es que ahora el electromagnetismo, el uso de la radiación han sido utilizados ampliamente incluso indiscriminadamente como nunca, en el uso del poder nuclear, telecomunicación, médica e industrial. Los inteligentes humanos ahora son capaces de utilizar la extrema energía, contribuyendo en la transformación o destrucción de la Tierra, consecuentemente destruyéndose así mismo.

La atmósfera nos ha protegido de las radiaciones desde nuestra existencia, de no haber sido así no hubiéramos podido existir. Paradójicamente seguimos destruyéndola, contaminándola sin que nos importe, sin la aplicación de medidas eficaces para su limpieza, purificación y conservación. Los antiguos lo hacían inconscientemente, pero nosotros a sabiendas.

Algo es radical y trágico: si todo deriva de la energía de los fotones, la destrucción, alteración acumulativa de pequeña a gran escala del campo electromagnético, seguro y por cierto causará grandes daños. A duras penas sabemos que la destrucción de la capa de ozono hace posible a que la radiación ultravioleta llegue a nosotros causando cáncer en la piel, catarata en los ojos. Pero la atmósfera consta de diferentes capas y todas ellas participan en la atenuación, transformación y conversión de los rayos ultra gama, extra gama, gama y ultravioleta a rayos de menor frecuencia. Los cada vez peores desastres naturales y las inexplicables enfermedades cancerígenas, infecciosas, hasta pandemias, son signos de alerta de que zonas de aquellas capas protectoras están siendo alteradas o destruidas. ¡Consecuentemente, deberíamos ser más cautelosos y evitar toda actividad destructiva a nuestras capas protectoras, nuestros ángeles del cielo!

El destino de la humanidad depende precisamente en la conducta, el comportamiento, qué tan inteligentemente, qué tan cauto sigue usando la energía. ¡Al decir la verdad, no ha sido muy brillante!

Tenemos la gran oportunidad hacia el ampliamente abierto horizonte, hacia el completamente abierto cielo, hacia a la Gloria. ¡Lo que nos impide es nuestra mezquina, miope, egoísta mentalidad, nuestra salvaje naturaleza!

Entre más sabemos del uso del poder de la energía electromagnética más salvaje nuestro comportamiento, más atrocidades somos capaces de cometer.

Presumimos de ser los seres inteligentes civilizados; nos aprovechamos de todo lo existente en la Tierra, destruyendo, mal gastando, desperdiciando, pisoteando todo. Nos matamos unos a otros para poseer la Tierra la cual a duras penas es un corpúsculo, casi invisible en la inmensidad del universo. ¡Nuestra mezquindad es tan grande como el espacio!

¡Es inconcebible, inaceptable que el ser humano entre más civilizado, más culto, más sabio, se haya vuelto más salvaje, más cruel, más sanguinario! Es más, más del 50% de la fauna y bosques han sido bestialmente destruidos y exterminados en estos últimos quinientos años de "civilización" sin que exista la menor señal de que estemos haciendo algún esfuerzo concienzudo para su recuperación.

¡Debemos saber que: el espacio es nuestro futuro, el espacio es parte de nuestro hogar, el espacio es nuestra gloria!

La teoría de la Energía Original pudiera ofrecernos una luz para aclarar nuestra visión. Sea verdad o sea una falacia esta teoría, el autor trata de abrirles los ojos y la mente a los seres humanos. Los recursos espaciales son inmensos, tal como nuestra oportunidad es inmensa. ¿Por qué a los humanos nos da por pelear, por odiar, por matar? ¿Por qué crear diferentes Dioses e imponer a los demás en creerlos?

¿A caso somos electrones y positrones para aniquilarnos?

¡Somos fotones, deberíamos viajar como la luz e iluminar el mundo!

La clave está en la educación, en inculcar el bien en vez de diseminar la maldad, violencia y destrucción.

Deberíamos ser más creativos. El Cielo no solamente es hacia arriba. El Cielo se encuentra en todo alrededor de la Tierra, alrededor de nosotros. La Energía Original se encuentra dentro de nosotros, en todo alrededor de nosotros y es UNA

FACIL E IMPOSIBLE
A LA VEZ

La teoría de la fotogénesis establece que el fotón es el elemento primordial del universo; cualquier existencia deriva del fotón. La Energía Original constituye la red estructural del universo a través de la cual los fotones se propagan; la Energía Original ordena, dirige y organiza el universo.

Si yo tuviera que comprobar la existencia de la Energía Original y la afirmación anterior, sería fácil y difícil a la vez. Fácil por todo lo que he expuesto anteriormente, porque la teoría del Big Bang es dudosa.

Es difícil, incluso imposible de comprobar, que la energía que se encuentra dentro del núcleo de cualquier objeto, en el corazón de las galaxias y en todos los cuerpos celestiales sea la Energía Original. Es difícil de comprobar que nuestra alma está hecha de Energía Original. Más difícil aún aceptar que la Energía Original es el creador, la que rige el universo. No existen aparatos que pudieran comprobar científicamente este hecho. Pero podemos sentir y observar su efecto, su alcance, una vez que la transformación de la Energía Original sea la realidad.

La multiplicación exponencial durante la división celular embrionaria es un ejemplo de la transformación de la Energía Original. La constante renovación celular durante toda la viva, es gracias a esta reserva de energía desde que se nace.

Nuestro Sol así como todas las estrellas, están constituidos primordialmente por energía, por los extra energético fotones combinados con electrones. Ellos forman la fuerza eléctrica repulsiva que expulsan los fotones desde el núcleo de las estrellas la cual es la fuente real de la luz solar y radiaciones solares, a expensa de la Energía Original del núcleo.

Quizás en un futuro los rayos cósmicos pudieran ser medidos con mayor precisión. Entonces pudiéramos comprobar que los rayos gama no son los rayos de más alta frecuencia, ni los más energéticos. Los rayos extra gama o fotogénes, incluso los ultra gama que vendría siendo la Energía Original en esta teoría, ya han sido detectados en el espacio. Se han detectado rayos que les han sido llamados como rayos de "corta longitud" o "radiation bursts". Quizás sean los mismos que se refieran en esta teoría.

Lo que realmente es sumamente difícil de comprobar es la existencia de la Energía Original, la de más de trillones electrón voltios, ultra enérgicos rayos gama. Aunque ellos pueden ser hallados en el cosmos. Comprobar su función como regidor; que está presente en todos los núcleos de los cuerpos celestiales, en las células, óvulos, espermatozoides, neuronas o semillas. Que todas las funciones de cualquier estructura material dependen de la Energía Original, como afirma la teoría de la Photogénesis, es extremadamente difícil. Pero todo lo existente del universo se encuentra tan ordenado, tan lógico, tan homogéneo, que la Energía Original se comprueba por sí sola. Existe una innegable energía, una fuerza perceptible que rige, que ordena, que está por encima de todo, en todos los ámbitos del universo.

Existe la posibilidad de que no todos los rayos ultra energéticos se hayan convertido directamente en fotones del espectro electromagnético común, sino que alguna división se haya transformado en rayos coherentes, en biofotones, incluso en fotones extra débiles. Ellos no serían detectados como rayos ultra energéticos dentro de nuestro cerebro; es más, no existirían como tal, sino al contrario como rayos ultra débiles, atenuados biofotones. Pero conservan los códigos, las características y funciones de la Energía Original. ¡Este es el desafío!

Es innecesario comprobar la existencia de los fotones de todo el rango del espectro electromagnético, ellos constituyen nuestro entorno de todos los días. Para comprobar la existencia de los rayos extra gamas de más alta frecuencia que en esta teoría han sido nombrados como fotogénes resultan ciertas dificultades, pero la existencia de los estallidos de rayos gama, la formación de rayos extra enérgicos en los agujeros negros y su existencia en el espacio; más que todo la transformación entre energía cinética y energía potencial comprueban su existencia. No obstante, la función como transformador no ha sido comprobada. Por otra parte, los ultra y extra energéticos rayos se han extendido, desenrollado por más de catorce mil millones de años, muchos se han transformado en fotones menos energéticos.

Somos productos directos de los biofotones provenientes del Sol, de los rayos cósmicos y de la Tierra. No derivamos de seres directamente traídos por los extraterrestres o meteoritos. Los rayos cósmicos pudieran contribuir con algún componente, mas no somos descendientes de los extraterrestres.

En el comienzo yo mencioné una explosión. Quizás fue influenciado por la teoría del Big Bang. Sin embargo, estoy convencido que la formación del universo fue a través de una prolongada activación, evolución antes que ocurriera la gran explosión que fue el cambio de fase. Evolución consecuente que ha continuado, no por trece mil millones de años, sino quizás por billones de años. Porque se debe tomar en cuenta el período previo de la transformación de energía a materia; tiempo en que los fotones de la Formación de Energía Original de extremadamente alta frecuencia y ondas inmensamente compactas tomaran para activarse y extenderse. El inicio del proceso de fotogénesis, se ignoraba por completo.

Si la teoría de la Energía Original todavía no convence a nadie, por favor tome el último viaje desde el punto donde estamos parados. Regresemos al comienzo de la formación de la Tierra, de los planetas con sus lunas, del Sol, de nuestra Galaxia Vía Láctea. Todavía más atrás, miren cómo se formó la masa, los elementos, las partículas subatómicas, hasta las cadenas de fotones; miren cómo se compactan, hasta llegar a la energía pura.

Miren nuestros ultra compactos microscópicos fotones, con energía de extremadamente elevada frecuencia, fotogénes que se desprendieron de la madre: la Energía Original.

Ahora comencemos de nuevo, ver el primer grupo de genes del universo, emitiendo la primera onda, el primer fotón y comenzar la fotogénesis, emitiendo su primer haz de luz. Ver como se incrementa la temperatura. Ver cómo nace un globo de fuego violentamente que era el recién nacido universo.

¡Regresemos al futuro! Pasando por los procedimientos completos de la Nucleogénesis, Nucleosíntesis, formación de sistemas solares, galaxias, clústeres, todo el universo materia hasta el Estado Estático transitorio. Sigamos por la Nucleolísis, Fotonsíntesis todo el proceso de reciclaje por los Agujeros Negros, la formación de Nébulas y nuevas estrellas. De una vez alcancemos y sobre pasemos las galaxias más antiguas, crucemos la zona de energiaesféra que envuelve el universo hasta llegar al límite.

Regresemos entonces desde donde habíamos iniciado nuestro viaje.

¿Qué hemos hecho? Viajamos por todo el universo. Revisamos toda la formación de nuestro universo. Vimos cada evento, etapa por etapa, a partir de la energía hasta la terminación del universo real.

¿Cómo lo hicimos? Lo hicimos con nuestra imaginación. Viajamos una distancia de más de trescientos mil billones de años luz. Lo que se llevó a cabo en trece mil quinientos millones de años, nosotros lo hicimos en quince minutos. ¿Será que nuestra mente viaje más rápido que la velocidad de la luz? ¿Tendremos Energía Original dentro de nuestro cerebro?

Supongamos que estamos en el borde entre el reluciente universo y el incierto vacío, oscuridad absoluta del espacio cósmico. La última frontera del universo. Deberíamos ser atraídos de regreso por la fuerza de gravedad al lado del universo material, si la teoría del Big Bang fuese verás. Sin embargo, esto no sucederá. Todo al contrario, sentiremos que estamos viajando, escapándonos de la fuerza de atracción, de la fuerza de gravedad. Volando a la misma velocidad a como se expande el universo. O con más precisión, volando con la Energía Original en el filo del universo.

¿Y qué sucede si sobre pasáramos ese límite y entráramos a la absoluta oscuridad, entrando al absoluto vacío? Difícilmente podríamos imaginar qué pasaría afuera de la energiasfera del universo. Nuestra imaginación se bloqueó repentinamente. No podríamos hacer ninguna especulación, ninguna adivinanza con certeza. Nosotros solamente podemos ir junto con la Energía Original más no sobrepasarla y colocarnos más allá. Por lo tanto: ¡Nada viaja más rápido que la Energía Original!

La pequeña mariposa monarca viaja desde Canadá hasta México cada invierno. Podríamos reflexionar: si ellas valieran solamente con lo que comen, con la energía acumulada de reserva en grasa, ellas no podrían llegar ni siquiera hasta Chicago. Pero ellas poseen el gen que las apoya, las guía, las impulsa, cada año. ¡Esto no es un milagro del instinto! ¡Instinto es nuestro hábito de atribuir todo lo que no comprendemos, que ignoramos sobre el comportamiento de los animales como instinto! La migración de las mariposas, de los patos salvajes, de los gansos, de las ballenas hasta de los seres humanos a lugares más seguros y apropiados es una adaptación inteligente al medio ambiente. Inteligencia es energía, Energía Original que poseen todos desde generaciones.

Seguramente todos nos preguntamos: ¿de dónde sacan tanta energía los niños? Juegan, gritan, brincan, pelean todo el tiempo. Algunos quizás nos vuelvan locos que tenemos que intervenir, ordenarles que estén quietos. ¡Así nacen los niños, nacen con mucha Energía Original! Mientras los adultos nos encontramos cansados, con pérdida de memoria, de habilidad, de interés. ¡Porque se nos va consumiendo y agotando la Energía Original, tal como la brillante estrella que se va apagando!

El tiempo letárgico medieval solía transcurrir lentamente, hasta que al principio del siglo quince, el emperador de la dinastía Ming de Medilandia que es China, generosamente donó los conocimientos científicos sobre la astronomía, matemática, navegación; proporcionó mapas del esférico globo terrestre a los europeos que aún creían que la Tierra era plana. Esto indujo al Renacimiento de Europa. Fue como surgieron los gigantes científicos entre ellos Copérnico, Galileo, Newton, DaVinchi, Regiomontano, incluso los navegantes Colón, Magallanes, Días, Américo y tantos, que se basaron en aquellas donaciones científicas y mapas, llegaron a acelerar el avance cultural, mejorando el estilo de vida de todo el mundo. Hechos revelados, bien documentados por el almirante Gavin Menzies en sus libros 1421 y 1434.

Paradójicamente no se ha podido revelar ni confirmar con documentos históricos, gubernamentales porque ha abundado Mata Intelectuales y destructores de la cultura en Medilandia.

Es profundamente doloroso, cómo a lo largo de la historia ha abundando Mata Intelectuales, destructores de la cultura. Emperadores, gobernantes, líderes sedientes del poder, borrachos del poder, dementes por el poder, aferrados del poder les han temido a los intelectuales, a la cultura, a la comunicación, a la consciencia. Matan, destruyen, obstaculizan, impiden todo acceso a los conocimientos, a la verdad; manipulan los descubrimientos para sus beneficios, con tal de mantener al pueblo ignorante, controlable, gobernable, fenómeno que ocurre a nivel mundial.

Tarde o temprano la astrofísica y astronomía se pondrán en el filo de todas las ciencias, permitiendo a los seres vivos a habitar los cuerpos celestiales.

¡Que así sea!

TEORÍA DE LA ENERGÍA ORIGINAL
Y
LA TEOLOGÍA

La TEO afirma que los fotones son los elementos más fundamentales, constituyentes de todo lo existente del universo; afirma que el fotón le dio origen a la vida y a todo lo que existe en el universo y el cosmos; afirma que la Energía Original es la que rige y ordena el universo. Eso contradice lo que la religión pregona; sobre este tema han surgido muchos conflictos, guerras históricamente.

Podríamos visitar todas las iglesias, sinagogas, mezquitas, templos del mundo; analizar las pinturas y retratos de los museos; ir a las ruinas arqueológicas y en ningún lado encontraríamos lo que los astrofísicos, astrónomos, el telescopio Hubble y la NASA nos ha expuesto. Los astrónomos y astrofísicos nos han permitido conocer el cielo más cercano a la realidad. ¡Cuántas veces no han tenido que rectificar y ratificar las distintas religiones sus afirmaciones, ante los irrefutables descubrimientos científicos!

Siendo teólogos, Copérnico, Kepler, Galileo, LeMaître, fueron los pioneros en la cosmología moderna occidental. Ellos se atrevieron a corregir el misticismo y errores, contribuyendo al conocimiento de la realidad.

¡Hoy, gracias a los esfuerzos científicos, educación y difusión, ya ni a los niños podemos engañarles, diciendo que el recién nacido hermano lo trajo una cigüeña de Paris! Se sabe con todos los detalles de la concepción, el desarrollo embrionario, la formación del feto etapa por etapa, fecha de nacimiento con precisión y se sabrá más. Las verdades no solamente es un avance en contra de la ignorancia, no solamente ha beneficiado a la humanidad, también a la teología.

De nada sirve echar la culpa al diablo todos los males y atribuirle todo lo bueno a Dios; no somos nadie para hacer semejante tajante repartición. Luego resulta que lo que creíamos ser bueno resultó ser malo y lo que creíamos que era malo resultó ser bueno. ¿Por fin fue Dios o fue el diablo? ¡Es más, se afirma que Dios creó todo incluyendo a los maleantes!

El avance y la evolución han sido a base de acumulo de conocimientos, buenos y malos nos han ayudado a superar los obstáculos. ¡La ignorancia no es buena para nadie!

La Energía Original, tal como su nombre lo indica, es una formación de energía que ha existido desde la eternidad; no es tocable, visible, tangible; nosotros solamente podemos observar sus efectos, detectar los resultados de la transformación. El poder de Dios es energía, no es visible, tocable o tangible tampoco. La teoría de Fotogénesis no niega en lo absoluto la existencia de Dios, por lo que no debe ser juzgada como defensora del diablo.

Los esfuerzos y descubrimientos científicos no solamente han contribuido en la revelación de la realidad del cosmos; en la mejor comprensión del Cielo y de la Gloria; en la mejor calidad de vida.

Los científicos, la ciencia no solamente han contribuido en la astronomía y astrofísica sino también el mejor entendimiento, explicación, evolución de la teología. La ciencia ha permitido a que la pragmática, subjetiva teología sea más explicable, más entendible, más lógica, más aceptable, más convincente. Sin el abundante vocabulario científico para explicar la teología, la teología se reduciría en citatorios de los pasajes, personajes y palabras; imposición e insistencia a la fe, inclusive someter a la gente a un fanatismo absurdo, obligando a la gente en creer tal o cual religión.

Los mejores predicadores, sacerdotes o pastores son los que poseen un vasto conocimiento científico, citando descubrimientos científicos, conjugándolos con la religión, haciendo a la religión entendible, comprensible, razonable, imaginable para exponer sus afirmaciones religiosas.

Nosotros ya no tenemos dioses para cada inexplicable fenómeno natural; no les rogamos a las inertes, insensibles dioses de piedras u objetos para obtener mejor cosecha, para tener mejor calidad de vida, para curar nuestras enfermedades. La meteorología pronostica el clima y explica los fenómenos naturales con bastante precisión y en más reducidos áreas. Los desastres meteorológicos que los ancestros los interpretaban como iras de Dios, ofreciéndoles lo mejor que poseían para que fuesen benévolos son más prevenibles y corregibles.

Existe por lo menos una religión que afirma que no es Dios el que actualmente rige y gobierna el mundo, sino Satanás. Si esto es la realidad; si es cierto que somos descendientes y producto del pecado virginal de Adán y Eva, promovido por Satanás, se acaba la discusión.

Hoy la existencia de Dios es necesaria e indiscutible, está fuera de duda. Somos tan dependientes, tan débiles, tan vulnerables y con perdón, tan ignorantes y salvajes que no podríamos vivir sin Dios.

¡Ojalá exista un Dios aún más poderoso y mucho más bondadoso que ponga el mundo en orden y paz mientras estemos vivos y no solamente esperar hasta el día de llegar a la gloria de Dios!

¿Habrá un día en que la ciencia y la religión concuerden, coincidan y actúen con concordia?

La permanencia de la separación o polarización entre la teología y la ciencia es buena, nos impulsa a realizar mayores esfuerzos y obtener mayores progresos al ir purificándose ambas.

La humanidad no debe estancarse en las discusiones absurdas, tratar de homogeneizar el agua con el aceite. Tanto el agua como el aceite están al servicio de la humanidad.

Dios es luz, el poder de Dios es a través de la energía; el razonamiento consciente, científico es energía.

La Energía Original es energía de los fotones y el fotón es luz que seguirá iluminando.

COMPARACIONES

La teoría de la Energía Original o Teoría de la Fotogénesis difiere sustancialmente de la teoría predominante de la actualidad que es el Modelo Cosmológico o la teoría del Big Bang. Algunas cuestiones que no podían ser explicadas por esas últimas teorías, ahora pueden ser explicadas por la teoría de la Energía Original.

La teoría de la gran explosión Big Bang consiste en que el universo se formó a partir de la singularidad. La singularidad establece que el universo se curvó infinitamente, se compactó al grado del tamaño de un átomo por la acción de la fuerza de gravedad.

Por lo tanto, el universo debería haber partido de este punto, de ese superpesado, extremadamente compacto, sólido y caliente átomo de masa, nombrado como átomo primordial, producto de la infinita contracción de la fuerza gravitacional que fue la singularidad.

Es difícil de imaginar cómo de un súper compacto átomo hecho por compuestos complejos químicos de grandes cadenas, de todo tipo de cuerpos celestiales, chicos, medianos, grandes y enormes, después de la explosión se hayan convertido en polvo y elementos ligeros distribuidos en una forma homogénea e isótropa. Más increíble es dicha densa masa haya viajado a mayor velocidad de la luz para formarse en "fracciones de segundos", en vez de fragmentos y trozos de estrellas, durante un periodo más razonable.

La otra versión del Big Bang es que debido a la fuerza de gravedad todos los cuerpos celestiales material, espacio y tiempo del universo son contraídos infinitamente en el agujero negro convirtiéndose en súper átomos. Se afirma que de esa singularidad existía una situación densa con altísima temperatura, para luego entrar en entropía sin retorno. Por lo tanto el universo debió formarse a partir de la nada.

Es difícil de concebir: ¿Cómo la materia pudo ser comprimida bajo extrema alta temperatura en vez de inflarse? ¿Cómo se llega a la singularidad sin un universo material preexistente que haya sido comprimido extremadamente? ¿Si el denso átomo de infinita alta temperatura terminara en entropía sin retorno, cómo retornó para formar un universo nuevo?

¡Existen más preguntas que respuestas!

A continuación expongo las principales diferencias entre las dos teorías:

I). el Modelo Cosmológico parte de la masa y de masa dependiente fuerza gravitacional, el elemento de la interacción, supuestamente es el gravitón el cual debería ser masivo. El gravitón no podría ser el elemento más fundamental para construir un universo como el nuestro que posee además de cuerpos celestiales, posee enorme y mayor cantidad de energía y espacios.

En cambio, la teoría de Fotogénesis parte de la energía, regida por la fuerza de la Energía Original, donde el fotón es el elemento más fundamental de la interacción. El fotón si podría ser el elemento más fundamental para construir un universo como el nuestro, porque todo deriva del fotón y todo finaliza en fotón. La TEO afirma que el fotón está constituido por la energía cinética y energía potencial, al liberar electrón y positrón se convierte en materia.

II). La mayoría de los científicos lo da por hecho que el comienzo del nacimiento del universo fue a partir de la gran explosión el Big Bang, por no tener un valor tangible antes de este evento, se cree que antes nada existía.

Según el Modelo Cosmológico antes del Big Bang, antes de la formación del universo nada existía, ni tiempo ni espacio, ni energía, ni materia. Al no existir nada para la teoría de Big Bang, no forma parte de una transformación cíclica de nacer, vivir, morir, reciclar y renacer. Afirma que el densamente masivo átomo primordial hizo su aparición en forma espontánea.

En la teoría del Big Bang no existe un sistema de reciclaje por parte de los núcleos de las galaxias o estrellas activas; tampoco consideran a los agujeros negros como un sistema de transformación cíclica, por lo que tampoco por esa vía existe principio y fin de la continua transformación. Existen periodos completamente oscuros.

La teoría de la Energía Original tiene principio y fin ya que todo comienza con el fotón y todo termina en fotón; afirma que antes de la gran explosión la Energía Original ya existía. La formación del nuevo universo derivó del inicio de una transformación cíclica de la energía cinética a energía potencial de los fotones.

Por otra parte, existe un continuo sistema de reciclaje parcial en los núcleos de las estrellas y de las galaxias activas que les suministra energía por billones de años. Los agujeros negros forman otro sistema de reciclaje total que hacen que los cuerpos celestiales viejos mueran y renazcan.

III). *Los procesos de Fotogénesis PEP y PAP son procesos de continuo transformación cíclico de la energía cinética intangible e indetectable a energía potencial material visible, tanto a nivel microcósmico como macrocósmico. Hacen que en el transcurso de la transición del cambio de fase, el tiempo y el espacio aparezcan de la aparentemente "nada".*

IV). ¡Siendo ambas Relatividad y Mecánica Cuántica los pilares del Modelo Cosmológico, pero resultan incompatibles! La Relatividad del Modelo Cosmológico, la fuerza gravitacional entra en conflicto con la Mecánica Cuántica en la Incertidumbre (uncertanty).

Existe contradicción también, si el Big Bang partió de la Nada o del átomo primordial posterior a la singularidad.

La Fotogénesis puede ser a partir de fotones de extremadamente alta frecuencia. Al ir liberando electrones, los fotones ultra energéticos se convierten en fotones de toda variedad y espectro, hasta llegar a muy baja frecuencia. O al revés, los fotones de la gran variedad del espectro, de muy baja frecuencia, al ir absorbiendo electrones, se convierten en fotones de extremadamente alta frecuencia, como fotones extra y ultra gama. Por lo que la Fotogénesis es la responsable de todas las transformaciones y formaciones.

Consecuentemente, no existe ningún conflicto en la teoría de la Energía Original entre las fuerzas del microcosmo o macrocosmo.

V).   *La Fotogénesis nos permite ver que el fotón se transforma en electrón y positrón. Al reaccionarse el electrón con el positrón se consume la pequeña masa y se neutraliza la carga, formando un nuevo fotón sin carga ni peso con menor frecuencia. Cuando el fotón se transforma en electrón, adquiere masa y carga. Es decir, el fotón está hecho de energía cinética y energía potencial, capaz de transformarse en todo tipo de existencia. El cambio de fase entre energía que es el fotón y la materia que es el electrón, es el secreto de la aparición y desaparición, secreto de la incertidumbre (uncertanty).*

La magia ocurre precisamente aquí donde el fotón es energía, al transformarse en electrón, se convierte en materia; de la intangible energía a la tangible materia y vice versa.

Lo más sobresaliente de esta transformación es que de los fotogénes derivan partículas subatómicas sin masa las cuales viajan con la velocidad de la luz. A la vez, los fotogénes derivan electrones los cuales interactúan con las partículas subatómicas en el campo electromagnético; las partículas adquieren masa disminuyendo la velocidad.

Mientras que en el Modelo Cosmológico no se explica el mecanismo de la incertidumbre sino todo se le atribuye a la gravedad. Es más, no se sabe de qué está hecho el gravitón.

Actualmente se cree que las partículas subatómicas al pasar por el campo de Higgs el 1 % de los quark adquieren masa y disminuyen la velocidad de viaje, mecanismo por el cual forman átomos, cuerpos celestiales hasta seres.

VI).   el Modelo Cosmológico considera que la contractiva fuerza gravitacional es el motor, causa y efecto de toda acción, reacción, transformación del universo; siendo contractiva y repulsiva a la vez, facultades que en realidad no posee la fuerza gravitacional. Peor aún, Einstein afirmó que la fuerza gravitacional es una ilusión; el doblamiento del espacio tiempo es gravedad, es la causa que todo esté en movimiento.

A la vez el Modelo Cosmológico considera que la carga positiva se anula con la carga negativa, la interacción electromagnética no tiene un alcance astronómico sino local, a nivel micro cósmico lo cual no corresponde a la realidad.

La teoría de la Energía Original afirma que la EO forma el eje situado en el núcleo es la fuerza giratoria de toda existencia material, desde un átomo, una semilla hasta una gigantesca estrella o galaxia, incluso del núcleo del universo. Es la que le da vida y movimiento a toda existencia, del universo. Toda conexión se lleva a cabo por medio eléctrico y magnético; eso es patente en los límites de las energiasferas, en los espacios interestelares.

VII). La diferencia más radical es que para la teoría del Big Bang, el universo partió de la materia y de la materia dependiente fuerza gravitacional. La fuerza gravitacional es considerada como una fuerza de alcance infinita, toda poderosa, en vez de ser una fuerza contractiva, limitada, regional.

La fuerza gravitacional, bastión del Modelo Cosmológico solo determina el mecanismo de atracción entre dos cuerpos, más no al haber múltiples cuerpos y mucho menos el universo en conjunto.

En cambio la teoría de la Energía Original se basa en la energía de los fotones. Al ser los fotones los elementos básicos de la fuerza electromagnética, dicha fuerza es repulsiva cuando los átomos, o cuerpos celestiales son de cargas eléctricas o polos magnéticos similares; es atractiva cuando son cargas o polos opuestos. De este modo, los fotones con la fuerza electromagnética forman la red estructural del universo, componente de la materia o energía de toda clase de existencia; responsables de la atracción o repulsión, responsables de la evolución y transformación del universo.

VIII). A partir de los núcleos embrionarios, se fueron formando átomos, compuestos y masas. Hasta entonces, fue cuando se consolidó la fuerza gravitacional pero era excesivamente débil para conglomerar masas para formar cuerpos celestiales.

La verdadera razón por la que las partículas subatómicas pudieron formar átomos, elementos químicos ligeros, luego

los elementos pesados, compuestos y masas, fueron las cargas eléctricas y magnéticas entre ellos, como sucede en cualquier reacción química donde la fuerza gravitacional no tiene nada que ver.

IX). *Desde el punto de vista de la Fotogénesis, la esfericidad es dada por la acción giratoria de la Energía Original. La acción giratoria y la alta temperatura determinan la forma esférica, composición química, distribución homogénea e isotrópica de los cuerpos celestiales. La esfericidad es universal para todo. El espacio y el tiempo son curvos por la misma razón.*

La contractiva fuerza gravitacional solo puede causar heterogeneidad y anisotropía. En el Modelo Cosmológico, el espacio tiempo es cuadrado, lo distorsiona el peso del cuerpo celestial. Einstein afirmó que la distorsión del espacio tiempo es gravedad.

X). Si el universo hubiera sido creado a partir de una masa extremadamente comprimida, de un átomo primordial, después de la explosión del Big Bang, después de trece mil quinientos millones de años, ya no tendría más masa para formar nuevas galaxias y estrellas.

Por otra parte el universo se ha estado expandiendo desde aquella explosión. Entonces, el universo debería estar hueco, vacío en el centro, puesto que no existe suficiente masa para contrarrestar el distanciamiento entre los cuerpos celestiales. Al ir expandiéndose el universo, las galaxias, los cuerpos celestiales, toda la materia del universo se distanciaría perdiendo la fuerza atractiva gravitacional entre sí. Cesarían las explosiones, el universo se enfriaría congelándose, inactivándose, convirtiéndose en un cementerio de masas inertes, distantes, con una fuerza gravitacional tan débil como inexistente.

Todo este fenómeno ya debería ser observable y pudiera confirmarse que el centro del universo este hueco y la periferia del universo este lleno de cadáveres celestiales congelados, dispersos.

En cambio es absolutamente seguro que este fenómeno no sucedería en el universo que rige la Energía Original, por su abundancia, la continua transformación entre la energía cinética a energía potencial; por el sistema de reciclaje, manteniendo el universo estable.

XI). El inicio del universo se caracterizó por la extrema alta temperatura donde no existía materia en ningún estado físico; solamente existía el globo de fuego de fotones. Al no existir materia en ningún estado en el vacío, la energía térmica se transfirió por sí sola, no requería sustancia o corriente de sustancia. La radiación se transmitió a través de la oscilación del campo electromagnético del espacio. ¡La teoría de Photogénesis afirma que esto fue precisamente lo que sucedió! Los fotones transportaron la energía y es la única forma posible en que el calor pudiera transmitirse a todo lo largo y ancho del recién nacido universo.

La persistente radiación de microondas cósmicas, única reliquia del fondo del recién nacido universo confirma irrefutablemente este hecho. El calor es radiación, la radiación de microondas está constituida por fotones; lo único que ha persistido del escenario inicial son fotones. ¡Por lo tanto fueron los fotones que iniciaron la formación del universo!

La presencia de las radiaciones de microondas cósmicas del inicio de la formación del universo, en una forma uniforme, homogénea, en todas direcciones, contribuye a la confirmación inequívoca de la presencia de la Energía Original antes, durante y después del inicio del universo.

Mientras que el Modelo Cosmológico no se explica por qué mecanismo se dilató, se expandió y se inflo el universo. Tampoco se explica explícitamente qué es lo que forma el espaciotiempo, red estructural del universo. Si la materia negra o la energía negra son los causantes de los efectos de la contracción y repulsión; no se sabe qué son la materia negra y energía negra.

XII). Para la teoría del Big Bang los agujeros negros poseen una inmensurable fuerza gravitacional que condensa y atrae todo lo existente al horizonte de eventos o sea a la entrada del agujero, donde ni la luz puede escaparse y terminar en singularidad, formando súper pesados átomos.

Para empezar no creo que esta hambrienta creatura, agujero negro demuele, condense todo en la boca sino en el interior del núcleo.

Si en su interior convierte todo en un átomo que no pudiera reciclarse, actualmente ya habría incontables agujeros negros sin retorno, formando cementerios de súper compactos átomos inertes. La escasa cantidad de masa que constituye el 4% del universo sería menos efectiva para que la fuerza de gravedad pudiera mantener los cuerpos celestiales atraídos. Y como para el Modelo Cosmológico no existe sistema de reciclaje, no existiría mayor formación de masa, la fuerza gravitacional causaría un caos.

Afortunadamente la realidad no es así. Existe una reserva enorme de Energía Original que sigue transformándose en materia. Los cuerpos celestiales envejecidos siguen reciclándose gracias al sistema de reciclaje por los agujeros negros. La transformación de energía-materia, materia-energía es constante, en forma ordenada, regida por la Energía Original, por medio de la Fotogénesis.

XIII). *Las estrellas y los cuerpos celestiales van librando radiaciones térmicas, consumiéndose hasta convertirse en energía de electrones y fotones dentro de la energiasfera.*

El cuerpo celestial se va consumiendo desde el inicio de su formación. Los agujeros negros forman la última etapa del sistema de transformación, convirtiendo la energía potencial de la materia en energía cinética dentro de la energiasfera. Es decir, el producto final de los agujeros negros no es una masa súper concentrada, un súper átomo denso inerte, sino fotones súper energéticos haciendo posible la conservación de la energía.

Si la singularidad se llevara a cabo en los agujeros negros como afirma la teoría de la Relatividad y la teoría del Big Bang, se formarían átomos superpesados que tendrían una fuerza gravitacional feroz. Pero no habría diferencia en el equilibrio de la fuerza gravitacional, puesto que la masa solo cambió de forma y volumen, de una gigantesca estrella o galaxia a un pequeño, igualmente pesado átomo. Por el solo hecho de tomar en consideración la masa, no existiendo la energiasfera o una estructura globular del universo en el

Modelo Cosmológico, muchos cuerpos celestiales ya serían densos átomos diseminados por todos lados del universo. Ellos causarían la destrucción de la energiasfera, de la estructura globular, causando destrucción colisión en todas direcciones, en todas épocas. La isotropía y homogeneidad, el perfectamente ordenado universo demuestran que esta afirmación es incierta.

XIV). *Nuestro enorme universo es tan solo una isla en la inmensidad ilimitada cósmica. La transformación de la Energía Original puede suceder continuamente en diferentes épocas, en diferentes sitios del espacio. El espacio se encuentra ocupado por la Energía Original. Por lo que pudiera ocurrir otras transformaciones de energía a materia coexistiendo nuestro universo con otros universos. Incluso pudiera haber universos parecidos al nuestro, con sistema solar y planetas semejantes al nuestro.*

Para el Modelo Cosmológico antes de la formación del universo no existía nada, la formación de nuestro universo es única.

XV). basándose en la ecuación de Einstein, Alexander Friedmann y otros pioneros físicos, se postuló que el universo emergió violentamente desde un estado material infinitamente comprimido, de una singularidad a la inversa. Después de una gran explosión, a partir de un extremadamente comprimido átomo primordial, se abrió el espacio y se creó el tiempo. Desde entonces, el universo se ha estado expandiendo.

En cambio, la teoría de la Energía Original postula que el universo se formó a partir de una pequeña formación de la Energía Original la cual por medio del proceso de Fotogénesis, fueron multiplicándose y extendiendo la longitud de onda los inmensurablemente energéticos fotones. Al extenderse, desenrollarse, librando electrones, la energía formó el espacio tiempo y la red estructural del universo. Los electrones positrones entraron en reacciones termonucleares, elevando al máximo la temperatura, causando la gran explosión. Nació el universo como un globo de fuego donde solamente existían fotones. Después de una serie de explosiones se distribuyó la Energía Original en billones de núcleos por medio de la Nucleogénesis. A continuación por medio de Nucleosíntesis dieron origen a las partículas subatómicas, a la masa, a los cuerpos celestiales, a las galaxias, al universo material.

XVI). para el Big Bang, el universo se formó a partir del azar, en forma espontánea; conglomerándose el polvo para formar átomos, masa y cuerpos celestiales por medio de la fuerza gravitacional. Irónicamente en el microcosmos de "polvo" la fuerza gravitacional es casi inexistente.

Mientras que en la Fotogénesis toda la formación del universo fue guida, dirigida por medio de códigos de los fotones de la Energía Original.

XVII). Para el Modelo Cosmológico el destino del universo es incierto pero de alguna manera acabará pronto. Consideran que el destino del universo depende del ritmo de expansión y la densidad material existente o sea depende de la Constante Cosmológica que el mismo Einstein había reconocido que fue un gran error de su vida; error que se sigue cometiendo el Modelo Cosmológico y la teoría del Big Bang. Afirman que el destino depende de la contracción o "repulsión" de la fuerza gravitacional.

La Energía Original siempre ha existido en todo el ámbito del universo, su transformación es eterna formando un universo ordenado, estable, equilibrado con un sistema de conservación. Consecuentemente, el universo es longevo.

La constante transformación de la Energía Original hace posible el continuo cambio y renovación ordenada en el universo, lo cual determina la longevidad, destino del universo. El destino del universo depende del índice de transformación entre la energía potencial y la energía cinética, de los Fotones Originales la cual la rige la Energía Original;

XVIII). Para el Modelo Cosmológico es el doblamiento del espaciotiempo que causa la rotación de los cuerpos celestiales y ese es la gravedad.

La teoría de la Energía Original afirma que todo cuerpo celestial contiene su energía intrínseca, es su eje, su energiasfera que lo hace girar. Es más la energía es la que rige todas sus actividades.

XIX). El Modelo Cosmológico atribuye a la fuerza explosiva del Big Bang como la causante de la continua expansión del universo, explosión que ocurrió hace cerca de 1,400 millones de años. Es difícil de imaginar cómo el efecto, fuerza sinérgica de dicha explosión, ha podido durar hasta nuestros tiempos. Más difícil resulta explicar, cómo la expansión se ha acelerado en directa proporción con la distancia en vez de ir debilitándose por la distancia y por la fuerza gravitacional que actúa en sentido opuesto.

La TEO afirma que la expansión y aceleración del universo son causadas por:

a). la extensión de las ondas de los ultra y extra energéticos fotones;

b). la fuerza sinérgica de las repetitivas explosiones;

c). el incremento de la población de los cuerpos celestiales;

4). la debilidad de la fuerza contractiva gravitacional.

XX). Para el Modelo Estándar la adquisición de masa de las partículas subatómicas y por ende, de todo lo existente en el universo, es a través del mecanismo de Higgs, en el campo de Higgs, con la interacción de la partícula de Higgs. Supuestamente el solo 1 % que adquiera masa es suficiente para que el resto de todas existencias adquieran masa.

La Teoría de la Energía Original afirma que el fotón contiene energía cinética y energía potencial, al generar electrones, la energía cinética se convierte en energía potencial, el fotón es capaz de dotar de masa a toda existencia física del universo por medio de los electrones.

XXI). El Modelo Cosmológico describe la distorsión del espaciotiempo de la gravedad Einsteiniana como un sombrero invertido, como si el peso del cuerpo celestial hundiera la métrica del espaciotiempo.

La energiasfera descrita en la TEO es un globo de energía que envuelve el cuerpo en los 360 grados, donde no existe tal distorsión ni hundimiento del espaciotiempo.

CONCLUSIONES

La teoría *de la Energía Original postula que el universo se originó a partir de una comprimida y congelada formación de energía de Fotones Originales. Dichos fotones eran trillones de trillones de veces más energéticos que los fotones actuales. Por medio de la Fotogénesis, los fotones de ultra elevada frecuencia fueron generando electrones, extendiendo sus ondas, convirtiéndose en fotones cada vez menos enérgicos. Los fotones constituyeron la maya estructural del universo, formando espacio tiempo y toda existencia del universo material, incluyendo la vida del reino vegetal y animal posteriormente.*

La Energía Original rige, gobierna, deriva, desarrolla, transforma el universo por medio de los códigos que poseen los Fotones Originales. Siendo el fotón la unidad básica de la interacción electromagnética, indica que dicha creativa energía es electromagnética.

Esto implica que el universo no se formó a partir de un extremadamente caliente, comprimido, denso átomo primordial. Consecuentemente, el universo no se formó a partir de la masa dependiente fuerza gravitacional que causó la singularidad. La singularidad no es el inicio del universo.

Podemos concluir:

1). los fotones poseen energía cinética y energía potencial las cuales continuamente se transforman en energía o materia. La TEO establece que antes que se formara el actual universo, la Energía Original ya existía; la formación del nuevo universo obedece a la transformación cíclica de la EO.

Consecuentemente, el universo deriva de la Energía Original, no deriva a partir de la nada; la nada solamente puede derivar nada.

La singularidad solamente pudo haber ocurrido en el estadio final de un universo previamente existente que se desintegró y entró a un Proceso Ascendente de Photogénesis, comprimiendo todos los fotones.

La singularidad clásica no pudo haber sido el evento del nacimiento de un nuevo universo. La materia de un universo entero no podría haber sido comprimido hasta convertirse en un denso, caliente átomo por la fuerza gravitacional. Si antes del nacimiento del universo no existía nada, la singularidad no puedo haber comprimido nada.

2). De acuerdo con la TEO al inicio, los Fotones Originales se encontraban extremadamente comprimidos inmóviles, sin rotación, sin eléctrica o magnética vibración y bajo casi 0 Kelvin. Por lo tanto, con un campo electromagnético muy reducido. La Energía Original era una sola, sin distinción como energía cinética o energía potencial; ni división de las cuatro fuerzas actuales. Los fotones eran unos ángeles sin alas.

Solamente los fotones pueden ser comprimidos y convertirse en fotones de ultra y extra alta frecuencia, los cueles son multiplicables, extensibles, estables, conservados bajo casi 0 Kelvin.

La materia no puede derivar materia; solamente la energía de los fotones pudo haber derivado la materia para formar un nuevo universo.

3). los fotogenes derivaron electrones y positrones los cuales se separaron convirtiéndose en fotones de menor frecuencia, acto que se realizó repetitivamente, multiplicándose los fotones. Cuando hubo excesiva cantidad de fotones dentro del sistema cerrado, ellos vibraron intensamente, chocándose, extendiendo la longitud de onda violentamente. Los componentes eléctrico y magnético se pusieron perpendiculares; los fotones viajaron a mayor velocidad que la de la luz.

Inmensurable cantidad de electrones fueron generados, elevándose el calor y la presión al máximo posible. En el cambio de fase, sobrevino la inmensa explosión. Nace el universo como un globo de fuego.

Solamente los fotones pueden liberar inmensa cantidad de fotones, haciendo que la temperatura se elevara al máximo límite. Solamente los fotones y electrones *fueron los que constituyeron el globo de fuego del recién nacido universo. Bajo extremo calor la masa no pudo haber existido, ni pudo haber existido la masa dependiente fuerza gravitacional, sino solo la energía cinética electromagnética.*

Al no existir materia en ningún estado en el vacío, la energía térmica se transfirió por sí sola, sin requerir sustancia o corriente de sustancia. La energía se transmitió a través de la oscilación del campo electromagnético del espacio. La teoría de Photogénesis afirma que esto fue justamente lo que sucedió: los fotones transportaron la energía y es la única forma posible en que el calor, la radiación pudo transmitirse a todo lo largo y ancho del recién nacido universo.

Las radiaciones de microondas cósmicas, únicas reliquias persistentes *del antiguo universo, confirma irrefutablemente este hecho. Por lo tanto, los fotones y electrones fueron las primeras existencias, la primera luz del universo.*

4). al extenderse los extremadamente comprimidos Fotones Originales formaron la red estructural del universo, formaron la energiasfera universal de fuego. Los fotones y electrones ocuparon y se distribuyeron isotrópica y homogéneamente por un largo período.

Fue la violenta descompresión y extensión de los fotones que causaron la inflación y expansión del universo.

5). después de una serie de explosiones, se formaron múltiples centros de energía, formando billones de núcleos, el universo entró al proceso de Nucleogénesis.

Una vez que disminuyera suficientemente la temperatura, causada por la inflación del espacio, la energía cinética comenzó a transformarse en energía potencial. Dentro de los núcleos los fotogénes formaban electrones y positrones. De la colisión entre ellos, producía reacción nuclear, derivando partículas subatómicas, quarks y gluones. La materia baryónica apareció. El universo entró al proceso de Nucleosíntesis.

Hasta entonces, fue cuando emergió la fuerza gravitacional, diferenciándose de la fuerza electromagnética común, pero era una fuerza insignificante, débil y lenta. La presión de las radiaciones positiva repulsiva hacia afuera, superaba a la fuerza contractiva de la débil fuerza gravitacional. ¡Consecuentemente, esta fue la manera y la razón como la materia superó a la antimateria, mecanismo por el cual el recién nacido universo pudo formarse y no colapsarse!

6). La teoría de Fotogénesis es una teoría basada en la energía, afirma que cada cuerpo celestial, cada objeto, cada vida posee una energía intrínseca, ultra energética dentro de cada núcleo la cual es la Energía Original. Dicha energía es la responsable de la generación, formación, evolución, desarrollo, degeneración; a la vez de la rotación, acción, reacción o transformación.

La teoría postula que el fotón tiene un umbral máximo de vibración al llegar la temperatura al máximo grado posible; es cuando surgió la gigantesca explosión en el cambio de fase. A la vez el fotón tiene un umbral mínimo de vibración, es cuando el fotón entra al estado letárgico al llegar la temperatura al mínimo.

7). la teoría de la Energía Original establece que todas las actividades del universo derivan de la energía. La fusión es llevada a cabo en el núcleo del Sol donde los fotogénes de extra alta frecuencia liberan radiaciones con presión positiva repulsiva que sobrepasa la fuerza atractiva gravitacional. Esa misma fuerza positiva sobrepasa a la bien conocida aniquilación entre electrones y positrones, razón por la cual la luz del sol puede irradiar hacia afuera, en vez de ser atrapada por la atracción de la fuerza de gravedad hacia adentro.

La Energía Original constituye el núcleo y el eje rotatorio de cualquier objeto o formación de energía. Al rotar forma la red estructural electromagnético; les da la forma disciforme, elíptica, espiral o esférica a los cuerpos celestiales. Además los engloba con una zona de energía formando la energiasfera. Es la causa de la esfericidad de los cuerpos celestiales responsable de la deflexión del fenómeno de lensing. Por la misma razón, el radio debe ser considerado como la quinta dimensión.

La TEO afirma que la energía es un estado de transformación, un cambio de fase de los estados líquido, gaseoso, sólido y plasmático. Por lo tanto, la energía debería ser considerada como el quinto estado de su equivalente material.

8). Dentro de la galaxia o de la estrella, los fotones y electrones se van agregando a la zona de influencia de energía que es la energiasfera. Los electrones giran alrededor del núcleo del átomo formando una nube de energía que es su energiasfera. Alrededor de la Tierra existe la geoenergiasfera; alrededor del Sol existe la heliosfera. Igualmente existe una energiasfera en todas las galaxias e incluso alrededor del universo.

Podemos afirmar que la energiasfera se extiende mucho más allá donde llegan las galaxias más antiguas del universo. Por ende, el tamaño real del universo pudiera ser varias veces, incluso cientos de veces del aparente tamaño del universo material.

Los límites entre los cuerpos celestiales son formados por las energiasfera. Los cuerpos celestiales en realidad están en estrecho contactos por medio de sus energiaesferas, no por medio del vacío absoluto. Esta formación globular hace posible que los cuerpos celestiales se "sostengan" en el vacío.

La teoría de Photogenesis afirma que la energiasfera del Sol o de cualquier cuerpo celestial, es la causante del efecto espejo, haciendo que el cuerpo luminoso escondido detrás del Sol sea reflejado y vista su imagen con anticipación, más grande y más cerca. *Ya que los fotones de la luz proveniente de los objetos lejanos como estrellas, galaxias, agujeros negros sufren deflexión al incidir a la energiasfera.*

9). la TEO afirma que todo lo existente se originó del mismo ingrediente que es la Energía Original. Consecuentemente, todo obedece a las mismas leyes físicas, químicas, eléctricas, magnéticas, térmicas, y biológicas. Todo es homogéneo isotrópico similar en el universo sin importar quien fuera, desde conde fuera se observe. Porque todo se originó de la bola de fuego desde el inicio del universo.

Por lo que la Energía Original es la matriz del Principio Cosmológico.

10).   la teoría de la Energía Original ha postulado que la actividad mental del cerebro como inteligencia, memoria, pensamientos, consciencia, inconsciencia, lenguaje, sueños, intuición, telekinesia, todas son ondas electromagnéticas de energía que posee el cerebro en las neuronas.

La vida tal como la conocemos se originó de los fotones provenientes de la luz solar, combinados con las radiaciones cósmicas y radiaciones provenientes del núcleo de la Tierra. Además de las condiciones favorables de la Tierra la cual se encuentra en la zona confortable del sistema solar y de la galaxia. La vida hizo su aparición por la transformación biológica de los fotones a biofotones.

La biogénesis del fotón es el origen de la Vida.

La vida no es de polvo a polvo sino de fotón a fotón.

11).   Somos seres vivientes gracias a la energía que constantemente se transforma en diversas actividades. La Tierra, el Sol, la galaxia, el universo son vivientes gracias a la energía que constantemente se transforma en diversas actividades, de otra forma serian materia inertes.

La teoría de la Energía Original establece que es la Energía Original la que le dio origen al universo material y no material, incluso a la vida inteligente. Rige, gira, expande, recicla y mantiene todo el universo como una unidad viviente funcional.

11).   la Energía Original constituye el eje y núcleo de toda existencia, por medio del Proceso Ascendente de Photogénesis PAP, a nivel micro cósmico la energía potencial es convertida en energía cinética. Fotones de baja frecuencia van absorbiendo electrones, transformándose en fotones cada vez más energéticos. De este modo, los núcleos de las estrellas y galaxias activas reciclan y reúsan los fotones durante billones de años.

De la misma manera, a nivel macro cósmico los núcleos de los cuerpos celestiales reciclan los fotones por medio de los agujeros negros, transformando la energía potencial en energía cinética; todo el cuerpo material y su energiasfera es convertida en fotones y electrones. Los fotones absorben toda la energía de los electrones, convirtiéndose en fotones extra y ultra energéticos hasta volver a formar nuevos cuerpos celestiales.

La TEO afirma que este es el sistema de reciclaje del universo.

12).   La energía de los fotogénes seguirá transformándose en materia la cual es la fuerza que mantiene todos los cuerpos celestiales del universo atraídos. Al mismo tiempo, la Energía Original sigue formando fotones, la longitud de onda seguirá extendiéndose, esa es la causa de la continua expansión del universo. Los hoyos negros seguirán reciclando la materia convirtiéndola en energía compacta, conservando la energía. Estos son los tres procesos que mantienen el universo en equilibrio y estable.

Consecuentemente, la Energía Original por medio de los fotogenes mantiene los cuerpos celestiales atraídos sin que se desintegre el universo por la dispersión y expansión. Eso pone en evidencia que no es la dudosa supuesta Materia Negra que mantiene todos los cuerpos materiales atraídos conservando la integridad. Por otra parte, por medio de la extensión de la longitud de onda, como ha sucedido desde el principio de la formación del universo, la Energía Original hace que el universo se expanda continuamente. Bajo el predominio de la Energía Original no existe ningún indicio de que el universo cese de expandirse, factor que determina que no es la dudosa supuesta Energía Negra que causa la expansión. Sin embargo, la TEO afirma que la energía negra y la materia negra son dos entidades transitorias de la EO que en un momento dado se manifiestan como energía o materia.

13).   Nada perdurará hasta la eternidad como materia físicamente existente. Bajo la ley de conservación de la energía, de la misma forma como se transformó la Energía Original en materia, la materia por medio de calor, presión, explosiones, hoyos negros vuelve a transformarse en luces, fotones, electrones y radiaciones para reincorporarse a la Energía Original.

Este no es el fin negro del mundo o del universo, sino la transformación cíclica de la Energía Original que perdura, rige y se transforma sin fin.

PROBABLES CONTRIBUCIONES DE LA TEORIA DE LA ENERGIA ORIGINAL

PRINCIPALES contribuciones de la Teoría de la Energía Original a la astrofísica y astronomía de ser comprobadas:

I). *la más importante sin duda sería: el haber establecido el sistema de la Photogénesis:*

a). *Proceso Exteniente de Photogénesis PEP donde los Fotones Originales ultra energéticos generan electrones convirtiéndose en fotones cada vez menos energéticos, extendiendo la longitud de onda, constituyendo la maya estructural del universo. Del mismo modo constituyen el mecanismo de todas las transformaciones físicas, químicas, termoeléctricas, biológicas, astrofísicas y astronómicas. Los fotones forman los núcleos galácticos en donde convierten la energía cinética en energía potencial, formando partículas subatómicas, elementos químicos, átomos, compuestos, masa, sistemas solares. Forman además la energiasfera interna y externa de cada cuerpo celestial. Dependiendo de las cargas eléctricas y polos magnéticos van formándose galaxias, sistemas solares, clústeres de galaxias hasta súper conglomeradas galaxias.*

b).   *por medio del Proceso Ascendente de Photogénesis PAP, los fotones de baja frecuencia son reciclados a nivel microcósmico, donde la energía potencial es convertida en energía cinética. Fotones de baja frecuencia van absorbiendo electrones, transformándose en fotones cada vez más energéticos. De este modo, los núcleos de las estrellas y galaxias activas reciclan y reúsan los fotones durante billones de años.*

De la misma manera, a nivel macro cósmico los núcleos de los cuerpos celestiales reciclan los fotones por medio de los agujeros negros, transformando la energía potencial en energía cinética; toda la materia es convertida en fotones y electrones. Los fotones absorben toda la energía de los electrones, convirtiéndose en fotones extra y ultra energéticos hasta volver a formar nuevos cuerpos celestiales.

El claro y objetivo descubrimiento del corrimiento de la luz, desde mayor frecuencia a menor frecuencia por Hubble, ha sido confirmado, ratificado, experimentado durante más de ocho décadas por científicos de la astrofísica, astronomía y agencias espaciales. El viraje de la luz confirma que es la transformación y extensión de los fotones ultra energéticos que formaron el universo. ¡Es una prueba irrefutable, innegable, inderogable de la teoría de la Energía Original que resultó del proceso de la Fotogénesis!

El sistema de Fotogénesis constituye la columna vertebral de la generación, formación, evolución, desarrollo y reciclaje de toda existencia del universo, dando como resultado:

La Fotogénesis de los fotones le dio origen al universo.

II).   la teoría de la Energía Original establece un periodo de inicio transicional de activación de los Fotones Originales, previo al evento del cambio de fase de la gran explosión el Big Bang, acercándose más al verdadero origen del universo. El universo no apareció a partir de la *NADA, tampoco de una explosión repentina surgida de la nada,* sino de la transformación de la energía cinética de la Energía Original a la energía potencial.

La *NADA* es la aparente intangible energía, que en el cambio de fase se transformó en la tangible materia.

III). *la teoría de la Fotogénesis establece que el fotón se transforma en electrón y positrón. Al reaccionarse el electrón con el positrón se consume la pequeña masa y se neutraliza la carga, formando un nuevo fotón con menor frecuencia. Es por eso que el fotón no posee carga ni peso. Cuando el fotón se transforma en electrón, adquiere masa y carga. Es decir, el fotón está hecho de energía cinética y energía potencial, capaz de transformarse en todo tipo de existencia. El cambio de fase es el secreto de la aparición y desaparición, secreto de la incertidumbre.*

La magia ocurre precisamente aquí donde el fotón es energía, al transformarse en electrón y positrón se convierte en materia, de la intangible energía a la tangible materia y vice versa;

IV). *la TEO considera que es la Energía Original la que le dio origen al universo material y no material, inclusive a la vida inteligente. Al formar el eje y núcleo de toda existencia, rige, gira, expande, recicla y mantiene todo el universo como una unidad viviente funcional;*

V). la TEO establece que el universo comenzó como una formación de energía, congelada, inactiva, inmensurablemente compacta, ultra-energética. En el cambio de fase explotó convirtiéndose en un globo de fuego, donde no existía la materia, ni la masa dependiente fuerza gravitacional.

Al no existir materia en ningún estado en el vacío, la energía térmica se transfirió a través de la oscilación del campo electromagnético del espacio por sí sola, sin requerir sustancia o corriente de sustancia. La teoría de Photogénesis afirma que esto fue justamente lo que sucedió: los fotones transportaron la energía y es la única forma posible en que el calor, la radiación pudo transmitirse a todo lo largo y ancho del recién nacido universo.

Esto implica que fue el fotón el que le dio origen al universo. La persistente radiación de microondas cósmicas, única reliquia del fondo del antiguo universo, confirma irrefutablemente este hecho. La radiación de microondas ha permanecido inalterada en todo el universo debido a que la extensión de la longitud de onda de estos fotones ha llegado al umbral mínimo de vibración.

VI).   *la teoría de Fotogénesis establece que el universo se formó por la extensión, desdoblamiento de las extremadamente compactas ondas de la Energía Original. Consecuentemente, la singularidad debería ser un revés proceso de la Fotogénesis o sea una reducción progresiva de las ondas electromagnéticas. Eso implica que la Fotogénesis tiene dos procesos principales: la extensión y desdoblamiento de las ondas de los fotones ultra energéticos a fotones de longitud de ondas cada vez más largas, pero menos energéticos al disminuir su frecuencia; ellos son responsables de la formación, expansión e inflación del universo. El otro proceso, consta en el plegamiento, reducción de la longitud de onda de los fotones de baja frecuencia, convirtiéndose en fotones cada vez más compactos más enérgicos responsable del proceso de reciclaje o singularidad. Dicho de otra forma: la Fotogénesis consta de la transformación de la energía cinética a energía potencial la cual sucedió y sucede en la formación de las galaxias, estrellas y del mismo universo; la otra es la transformación de la energía potencial a energía cinética la cual sucede continuamente en el desgaste de los cuerpos celestiales pero más evidente e intensamente en los agujeros negros.*

VII).   la TEO postula la energía como el quinto estado de la materia, además de los estados sólido, plasmático, líquido y gaseoso; considera el radio como la quinta dimensión, además de las dimensiones: alto, largo, ancho y tiempo, ya que todo gira, todo posee orbita;

VIII). *La generación de fotones derivados de los ultra y extra energéticos Fotones Originales desde el núcleo de la estrella es por medio de la interacción con los electrones. La cadena de fotón-dielectrón constituye una presión electromagnética saliente. Es por eso que nosotros solamente detectamos radiación de fotones y electrones emitidos desde los núcleos de las estrellas o galaxias,* más no el mensajero gravitón de la fuerza gravitacional. ¡Lo que pone en evidencia que *la cadena de carga negativa de fotón-dielectrón es la verdadera fuerza de atracción entre los cuerpos celestiales; es la verdadera fuerza gravitacional, por ende el gravitón está formado por la asociación de fotón y dielectrón!*

IX).   la TEO establece que todos los cuerpos celestiales poseen una energiasfera, proveniente del núcleo, constituida por cadenas de fotones, electrones y partículas subatómicas.

La energiaesféra consta de: el eje rotatorio y el núcleo formados por la Energía Original; la masa del cuerpo celestial y la extensa zona de energía, proveniente del núcleo, se extiende fuera de toda estructura existente y llega cientos de veces del diámetro del cuerpo; dando una estructura globulosa a los sistemas solares, sistemas planetarios, a las galaxias y al universo. El universo está hecho de trillones de trillones de globos.

La energiasfera es la verdadera unidad de cada cuerpo celestial. Dicha unidad no funciona tomando solo en cuenta la masa del cuerpo por medio de la fuerza gravitacional, como afirma la teoría Newtoniana; ni tampoco funciona tomando solo en cuenta el espacio tiempo como afirma la teoría de relatividad Einsteiniana.

Las energiaesferas forman los verdaderos límites entre los cuerpos celestiales, es la forma como los cuerpos celestiales aparentemente quedan suspendidos en el vacío. Siendo que en realidad se sostienen por medio de las conexiones entre las energiaesferas.

X).   *Por medio de la Fotogénesis exteniente, los fotones de ultra-frecuencia forman electrones y partículas subatómicas; estos forman átomos y todo tipo de elementos químicos. Los electrones, positrones y elementos químicos ligeros entran en reacciones termonucleares formando la corriente de radiaciones saliente de fotones de menor frecuencia, electrones y partículas subatómicas con cargas.*

Las radiaciones llegan hasta los límites de la energiasfera, la mayoría son topadas y reflejadas por las radiaciones interestelares o intergalácticas y retornan al núcleo como fotones de baja frecuencia y partículas neutras.

Entra el proceso de Fotogénesis ascendente; fotones, electrones y partículas son reabsorbidos por el eje y núcleo de las estrellas o de la galaxia; son reciclados convirtiéndose en fotones de ultra-frecuencia. De este modo, fotones, electrones, partículas subatómicas, masas son formados reciclados reusadas continuamente billones de años por los núcleos, tiempo que viven las estrellas y las galaxias.

El autor ya había señalado que los "agujeros negros" constituyen el sistema de reciclaje del universo, en su libro "ECOS DE REFLEXIONES", publicado en 2005.

XI). *la teoría de la Fotogénesis postula que la vida tal como la conocemos se originó de los fotones provenientes de la luz solar combinados con las radiaciones cósmicas y radiaciones provenientes del núcleo de la Tierra. Además de las condiciones favorables de la Tierra la cual se encuentra en la zona confortable del sistema solar y Vía Láctea. La vida hizo su aparición por la biológica transformación de los fotones a biofotones. Por ende, la biogénesis del fotón es el Origen de la Vida.*

XII): *todos los cuerpos celestiales poseen energiasfera, cualquier luz u objeto que llegue y la atraviese sufre deflexión o reflexión. El fenómeno de doble imagen o lensing, el fenómeno de anillo alrededor del Sol o alguna estrella, son causados por el cambio del trayecto de los fotones de la luz proveniente de alguna estrella, galaxia o supernova lejana. La luz al incidir en la energiaesféra del Sol sufre refracción o deflexión debido a que la energiasfera actúa como un lente convexo. Esto implica que la fuerza gravitacional no atrae al sin peso, sin masa, sin carga fotón. La fuerza gravitacional no es ilimitada. Es la atracción del campo electromagnético que hace que el fotón de la luz no se escape.*

XIII). la TEO afirma que toda acción reacción, formación descomposición, transformación, reorganización de energía o materia, a nivel microcósmico o macrocósmico se lleva a cabo por medio de la interacción de los fotones con electrones. Los fotones y electrones forman las fuerzas de atracción al ser los campos eléctricos o magnéticos opuestos; forman las fuerzas repulsivas al ser los campos electromagnéticos semejantes. Por ende la fuerza electromagnética es la fuerza primordial del universo.

XIV): *el protón, neutrón y electrones quizás constituyan tan solo el 4% del volumen de un átomo; el resto es energía. La materia solo constituye el 4.7% del volumen de todo el universo, el resto es ocupado por energía electromagnética, manteniendo al universo homogéneo, isotrópico y estable. ¡Por lo tanto, la energía es el constituyente primordial del universo! Esto implica que la supuesta Materia Negra, Energía Negra y la Constante Cósmica no son las que mantienen la integridad del universo. La TEO afirma que la energía oscura y la materia oscura son estados transicionales de la EO.*

XV).   la teoría de la Energía Original y el Modelo Cosmológico, son compatibles si la Singularidad se interpretara como la transformación de la energía potencial a la energía cinética. La teoría de la Energía Original afirma que la formación del universo partió de la Fotogénesis descendente. Mientras que la Singularidad resultó de la Fotogénesis ascendente. Ambas resultan de la transformación de los fotones en energía cinética o energía potencial.

XVI).   *Los estallidos de las antiguas galaxias, liberando energía trillones de trillones de eV, demuestran que sí existen fotones con energía más alta que los rayos gama del espectro electromagnético; siendo aún más probable la existencias de los ultra energéticos Fotones Originales. La existencia, evolución y transformación de dichos fotones ultra energéticos, es una de las pruebas más fehacientes de la teoría de la Energía Original.*

XVII). La teoría de la Fotogénesis postula que el fotón tiene un umbral máximo de vibración al llegar el calor al máximo grado posible, es cuando surgió la gran explosión. Este fenómeno sigue surgiendo en los cambios de fase dentro de los núcleos de las galaxias.

Los fotones también pudieran tener umbrales máximos transicionales cuando la longitud de onda llegue a la mínima longitud posible, convirtiéndose en fotones ultra gama. ¿Podríamos llamarles fotones alfa?

Los Fotones Originales de inmensurable frecuencia que estuvieron totalmente inactivos, bajo casi 0 K, pudieran haber sido los fotones alfa.

A la vez el fotón tiene un umbral mínimo de vibración, de mínima actividad, es cuando el fotón entra al estado letárgico, al llegar la temperatura al mínimo de 2.725 K. Los fotones de las radiaciones de microondas del vacío que han permanecido inalterables desde el inicio de la formación del universo pudieran ser el ejemplo. ¿Podríamos llamarles fotón omega? El fotón omega no podría llegar a la temperatura de cero Kelvin, puesto que el fotón es onda, a cero Kelvin el fotón sería una línea recta, dejaría de existir.

XVIII). *La TEO prevé nuevas formaciones energéticas o materiales gracias al gran margen de combinaciones que puede tener los diferentes códigos y ondas electromagnéticas. El hombre constructivo tiene un futuro ilimitado tanto en la Tierra como en el Cielo, una vez que supiera utilizar la Energía Original con inteligencia y buena Fe.*

XIX). la TEO se basa en la acción de la energía del Fotón Original, pudiera contribuir en un mejor entendimiento entre la ciencia y la religión.

XX). La TEO afirma que el cosmos es ilimitado y eterno. Esa posibilidad solamente puede ser porque el espacio del cosmos esté sostenido y llenado por la Energía Original, por lo que habría más universos alrededor de nuestro universo. La Energía Original puede transformarse en energía cinética y está en energía potencial sinfín. Nuestro universo es tan solo un pequeño globo en el cosmos, tal como la Tierra es un pequeño globo en nuestro sistema solar y el sistema solar es un pequeño globo en la Vía Láctea. Por lo tanto, la Energía Original pudiera ser el rector de una Red Estructural Cósmica.

XXI). El espacio se forma al llenarse de energía, tal como un globo puede formarse y flotar al llenarse de gas. El vacío absoluto no existe; los fotones liberan electrones formando el plasma del vacío. Fuera de nuestro universo el espacio puede existir como Formaciones de Energía Original de Fotones.

XXII). *Las partículas subatómicas derivaron de la energía, no de otras partículas masivas y mucho menos que hubieran derivado de un denso átomo primordial constituido por toda la materia de un universo.*

El hecho de que una gran partícula hadrón pudo ser subdividida en una gran variedad de partículas subatómicas, no significa que el universo provino de alguna partícula o de algún denso átomo primordial.

Cualquier partícula subatómica solo puede derivarse de energía. Consecuentemente, las primeras partículas materiales, incluyendo la partícula Higgs, provinieron de energía, de los Fotones de la Energía Original de inmensurable elevada frecuencia.

XXIII). *El Gran Colisionador de Hadrón, aceleró dos protones a 14 TeV; después que colisionaron,* rápidamente se degradaron en 4 muons, *los cuales son una especie de electrones pesados que no fueron absorbidos por el detector.*

La TEO establece que por medio de la Fotogénesis los ultra-energéticos Fotones Originales derivan electrones, convirtiéndose en fotones cada vez menos energéticos. Una vez que la temperatura haya descendido a un nivel adecuado, formaron toda clase de partículas subatómicas y átomos. Es decir, el hadrón deriva de los electrones y los electrones derivan de los fotones. Estos experimentos del Colisionador, confirman la Teoría de la Fotogénesis.

XXIV). *la luz visible constituye una estrecha banda en medio del espectro electromagnético, el resto de los fotones son invisibles. Los fotones ultra energéticos de elevada frecuencia a partir de los cuales se inició la formación del universo son invisibles, inclusive indetectables. Ellos constituyen toda clase misteriosa de existentes como la Energía Oscura o Materia Oscura. Esta predicción de la teoría de la Energía Original se comprobará pronto.*

XXV). *los Fotones Originales derivaron la energía oscura y la materia oscura desde el inicio de la formación del universo, controlando la transformación de la energía cinética y la energía potencial, regulando y conservando la energía. En cualquier existencia oscura, energía o materia, existe el campo electromagnético, lo que implica que existe el "fotón oscuro" como la partícula de interacción, el cual sigue siendo fotón.*

XXVI). Los astrónomos del observatorio del telescopio Fermi localizaron la primerísima luz del universo, irradiada desde una estrella y hoyo negro, aparecida a 600 millones años después del evento del Big Bang.

La TEO sugiere que la primera luz del universo debería ser la primera esfera de fuego cuando aún no existía materia, cuando aún no había distinción de las cuatro fuerzas.

ECOS MELÓDICOS DEL UNIVERSO

Las siguientes composiciones del autor han sido anexadas a este libro con el propósito de que un día sea el fondo musical de alguna producción en los medios electrónicos.

¡El autor agradece infinitamente de antemano!

Let's Conquer The Space

Elier Eng

©January 2010

Let's Conquer The Space

Melodic Echoes Of The Universe

ELIER ENG

©June-15-2012

Melodic Echoes Of The Universe

Melodic Echoes Of The Universe

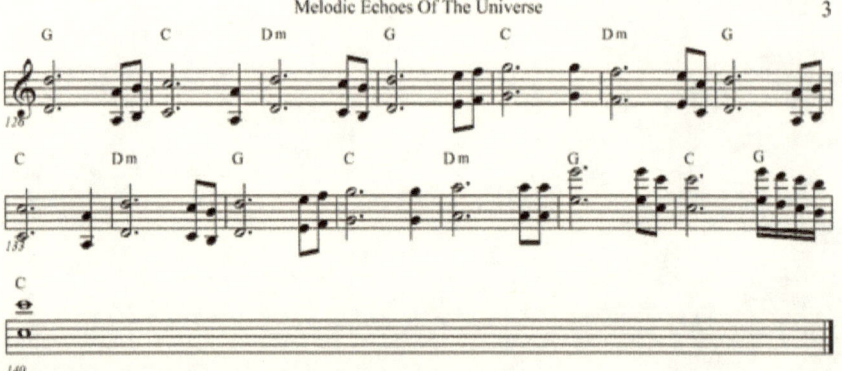

Milky Way Journey

ELIER ENG

Milky Way Journey

Milky Way Journey

Misty Moon Attraction

Elier Eng

©May 2010

Misty Moon Attraction

Moonlight Silence

Elier Eng

x February 2010

Space Era

Elier Eng

EApril 14 2010

Space Is My Longing

Elier Eng

x:January 2010

2

Space Is My Longing

Space Is My Longing

3

Space Is The Future

ELIER ENG

C:Dic-30-09

2   Space Is The Future

Space Is The Future 3

Space Is The Future

Space Time

Elier Eng

©April 26 2010

2   Space Time

Time Of The Space

Elier Eng

c/January 2010

Time Of The Space

Time Of The Space

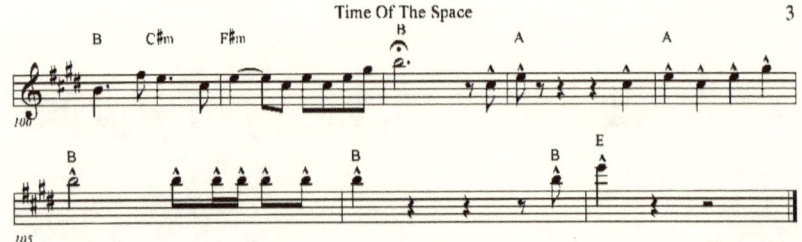

SOBRE EL AUTOR

El autor pasó su infancia en un medio rural, fue seducido por el cielo repleto de parpadeantes estrellas, cometas de largas colas y la melancólica Luna. ¿Qué misterios habrá en esa azulada, profunda bóveda?

Desde niño tenía la inquietud de ser escritor o investigador científico. Sin embargo, la vida lo ha llevado a todos lados menos a realizar sus anhelos. No le quedó otra más que ser autodidacto y esforzarse por su cuenta. Por lo que ha tardado más de diez años en elaborar este libro.

Nunca ni nada fue tan difícil de estudiar y escribir sobre astronomía sin carrera, sin equipos, sin ayuda, sin estar en una institución propicia. ¡Por lo que ruega que lo disculpen por esta atrevida intromisión!

Al autor siempre le ha preocupado la paz del mundo. Nos matamos unos a los otros para poseer la Tierra, la cual es tan solo una partícula en la inmensidad del cielo. ¡Nuestra mezquindad es tan grande que nos ciega, sin ver que el espacio es la gloria, es nuestro futuro, es parte de nuestra casa!

El autor atribuye el origen de la vida, el origen del universo al elemento más fundamental que es el fotón, luz del universo.

Autor de:
SENDAS DE AMOR.
ECOS DE REFLEXIONES.
LUZ ALMA.
THE ORIGINAL ENERGY THEORY.
ONCE CANCIONES han sido grabadas
Por HILLTOP RECORD en HOLLYWOOD
Próximo libro:
MELODIES of ILLUSIONS

¡NUEVA TEORÍA SOBRE EL ORIGEN DEL UNIVERSO Y EL ORIGEN DE LA VIDA!

La teoría de la Fotogénesis afirma que bajo la guía y códigos de la Energía Original, todo lo existente del universo se originó del elemento más fundamental, el sin peso ni carga eléctrica, ultra energético Fotón Original.

El fotón posee energía cinética y energía potencial; único elemento codificado, constituyente de la energía, capaz de realizar incontables combinaciones y funciones. Al ir generando electrones, los fotones les dotaron de masa a partículas subatómicas, átomos, planetas, sistemas solares, galaxias, células, plantas y animales. ¡Consecuentemente, el fotón es el constituyente primordial del universo!

Esto implica que el universo NO derivó del infinitamente, masivo, caliente, denso, átomo primordial, a partir de la nada, la Nada solamente puede crear Nada. Implica que el universo NO se formó posterior a los eventos de la Singularidad o el Big Bang. ¡La Singularidad es un mito! La masa dependiente fuerza gravitacional no posee facultades de regir, originar el universo.

La masa quizás constituya el 4% del volumen de un átomo, el resto es energía. La materia solo constituye el 4,7% del volumen de todo el universo, el resto es Energía; estableciendo un universo homogéneo, isotrópico y estable. Esto implica que las supuestas Materia Oscura, Energía Oscura derivan de la energía, formando estadios transicionales.

Como materia seres vivos, plantas, cuerpos celestiales, todo nace, crece, evoluciona, transforma, desvanece y se recicla; solamente los Fotones de la Energía Original duran hasta la eternidad. Las predicciones de esta teoría se están confirmando.

La Fotogénesis del fotón es el origen del universo;
La biogénesis del fotón es el origen de la vida.
La vida es del fotón a fotón; no de polvo a polvo.
¡Entre al fascinante origen del universo y de la vida!
¡Es tiempo de ir al Cielo en vida!

NOTICIA PARA LOS MEDIOS Y LA PRENSA

Elier Eng ofrece una nueva teoría sobre el origen del universo y el origen de la vida:

Teoría de la Energía Original
Photogénesis

En este libro el autor Elier Eng responde a las preguntas más controversiales de la humanidad: El origen del universo y el origen de la vida.

Elier Eng introduce la Teoría de la Photogénesis estableciendo que el universo deriva de una formación de Energía Original que era congelada, comprimida. Sus fotones eran trillones de trillones de veces más energéticos que los fotones actuales. A través del procedimiento de Photogénesis, los fotones ultra energéticos se multiplicaron, vibraron, calentándose, extendiendo la longitud de onda violentamente. Los fotones volaron a mayor velocidad que de la luz. Nace el universo como un globo de fuego conteniendo exclusivamente radiaciones de fotones.

Desde entonces y para siempre, los elementos más pequeños, irónicamente los sin carga ni peso fotones, a través de la Fotogénesis constituyen toda la existencia, incluyendo la vida en el universo.

El autor ahonda más aun sobre los temas de las fuerzas electromagnética y gravitacional, calor y radiaciones, energía cinética y energía potencial, expansión e inflación, singularidad y agujeros negros, el origen de la vida y el destino del universo, llegando a la conclusión de que la Energía Original por medio de códigos de los fotones rige el universo:

La Fotogénesis de los fotones le dio origen al universo.

La biogénesis de los fotones le dio origen a la vida.

¡La Gloria nos espera; vayámonos al Cielo en viva!

www.ingramcontent.com/pod-product-compliance
Lightning Source LLC
Chambersburg PA
CBHW031829170526
45157CB00001B/233